Z自然的灾难魔法

ZI RAN DE ZAI NAN MO FA

  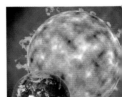

孙常福 / 编 著

中国大百科全书出版社

图书在版编目（CIP）数据

自然的灾难魔法 / 孙常福编著. —北京：中国大百科全书出版社，2016.1
（探索发现之门）
ISBN 978–7–5000–9813–3

Ⅰ. ①自… Ⅱ. ①孙… Ⅲ. ①自然灾害 – 青少年读物 Ⅳ. ①X43–49

中国版本图书馆CIP数据核字（2016）第 024476 号

责任编辑：裴菲菲　徐世新
封面设计：大华文苑

出版发行：中国大百科全书出版社
（地址：北京阜成门北大街 17 号　邮政编码：100037　电话：010–88390718）
网址：http://www.ecph.com.cn
印刷：青岛乐喜力科技发展有限公司
开本：710 毫米 × 1000 毫米　1/16　印张：13　字数：200 千字
2016 年 1 月第 1 版　2019 年 1 月第 2 次印刷
书号：ISBN 978–7–5000–9813–3
定价：52.00 元

杳无人迹的海角天涯；有人九死一生去探索未曾有人涉足的高山大川；更有人因为意外，面临绝境仍矢志不渝。总之，自然无限，探索无尽。

大自然的神奇力量塑造了地球的面貌、主宰着四季的变化，既混沌有序，又相互影响。大自然所隐藏的奥秘无穷无尽，真是无奇不有、怪事迭出、奥妙无穷、神秘莫测。许许多多的难解之谜使我们对自己的生存环境捉摸不透。破解这些谜团，有助于人类社会向更高层次不断迈进。

为了普及科学知识，激励广大读者认识和探索大自然的无穷奥妙，我们根据中外最新研究成果，编写了本套丛书。本丛书主要包括植物、动物、探险、灾难等内容，具有很强的系统性、科学性、可读性和新奇性。

本丛书内容精炼、通俗易懂、图文并茂、形象生动，能够培养人们对科学的兴趣和爱好，是广大读者增长知识、开阔视野、提高素质的良好科普读物。

Contents 目录

可怕的地质灾害

触目惊心的火山灾害　　　002

火山灾害是怎样形成的　　008

天崩地裂的地震灾害　　　020

20世纪以来最强地震　　　030

排山倒海的海啸灾害　　　034

最可怕的九次海啸灾难　　042

汹涌不息的洪水灾害　　　052

我国历史上的洪水灾害　　062

来势凶猛的泥石流灾害　　066

全球突发泥石流灾难　　　080

突然降临的雪崩灾害　　　088

莫测的气象灾害

隐天蔽日的沙尘暴灾害　　102

来去匆匆的龙卷风灾害　　108

摧枯拉朽的台风灾害　　　116

从天而降的冰雹灾害　　　126

令人生畏的雷电灾害　　　132

污染空气的雾霾灾害　　　140

威力强大的太阳风灾害　　150

"美轮美奂"的雨凇灾害　　156

现代文明造成的臭氧灾害　166

难解的灾害之谜

地震前为何有地光闪耀　　174

喷发最多的火山在哪里　　176

台风到底有多大的威力　　178

可怕火旋风的形成奥秘　　182

黑色闪电的形成奥秘　　186

雷灾多发生在什么地方　　190

最恐怖的灾害发生在哪里　　194

可怕的地质灾害 ▌

Chu Mu Jing Xin
De
Huo Shan Zai Hai

触目惊心
的火山灾害

火山爆发造成灾难

　　火山喷发是地球上最壮丽的自然景观，但又是环境和人类的一大灾害。每次大规模的火山喷发，除了有人员伤亡外，都有大量的火山灰、烟尘和气体冲上高空，甚至进入大气同温层，使气候发生异常，造成一系列灾难。

　　每次火山喷发的持续时间长短不一，短的只有几天、几个月，长的可延续数年、数十年，甚至数百年。

灾害名片

名称：火山

成因：岩浆在高温高压下喷
　　　出地壳

类型：裂隙式、熔透式和中
　　　心式

危害：冲毁道路、桥梁，淹
　　　没乡村和城市

统计表明，目前全球有500多座活火山，其中有近70座在水下，其余均分布在陆地上。在地球上几乎每年都有不同规模和程度的火山喷发，给人类活动和生存带来了很大的危害。

地球上大约有四分之一的人口生活在火山活动区的危险地带。据不完全统计，在近400年的时间里，火山喷发夺去了大约27万人的生命。特别是在活火山集中的环太平洋地区，火山灾害更为突出。

2013年，对于世界上所有的火山来说都是不平凡的一年。这一年全球多座活火山爆发，喷射出蒸汽、火山灰、有毒气体以及岩浆。

　　2013年5月2日，夏威夷群岛第一大岛的基拉韦厄火山连续喷发。岩浆从12千米长的圆锥口喷射出来，涌入大海支流。熔岩由于海浪的冷却和拍击变成了碎片，其中一部分漂浮于水面入口处。

　　2013年5月5日，位于阿拉斯加阿留申岛弧的巴普洛夫火山开始喷发，喷出的火山灰云高达6000米。

　　2013年8月18日，火山灰巨浪从日本九州岛南部鹿儿岛的樱岛火山上空翻腾而起。这是樱岛火山当年的第五百次喷发，它是日本最活跃的火山之一。

　　2013年11月16日，意大利西西里附近的埃特纳火山喷发，岩浆、火山灰和火山气体在上空翻腾。11月23日，火山灰和火山气体从欧洲最高的活火山——埃特纳火山翻腾而起。11月28日，埃特纳火山喷发岩浆，看上去就像两座炮塔。

　　2013年11月23日，日本吉马火山喷发的火山灰弥漫在九州岛上空。吉马火山目前是日本最活跃的火山，每年喷发数百次，这些喷发通常都很小，但是大型喷发的火山灰可能高达3800米。

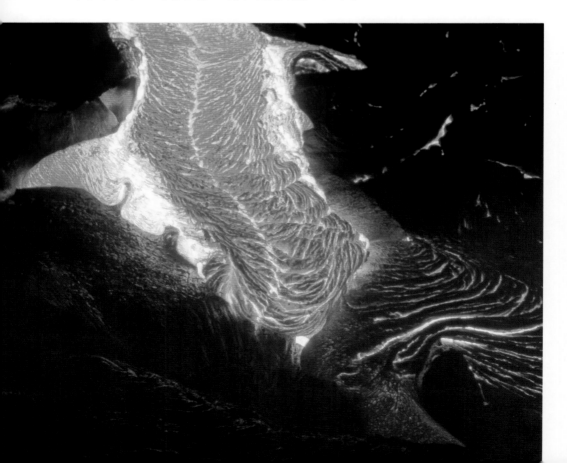

火山灾害的种类

　　火山灾害有两类：一类是由于火山喷发本身造成的直接灾害，另一类是由于火山喷发而引起的间接灾害。实际上，在火山喷发时，这两类灾害常常是兼而有之。火山碎屑流、火山熔岩流、火山喷发物、火山喷发引起的泥石流、滑坡、地震、海啸等都能造成火山灾害。

　　火山碎屑流灾害。火山碎屑流是大规模火山喷发比较常见的产物。公元79年，意大利维苏威火山喷发就是火山碎屑流灾害的典型实例，它使庞贝城瞬间绝迹，直到1748年这座古城才被后人发现。位于环太平洋带的印度尼西亚，也是活火山分布比较多的国家之一，火山灾害十分严重。1815年4月坦博拉火山喷发，火山碎屑流夺去了1万余人的生命。后来，火山喷发带来的食物短缺和疫病蔓延，又造成8万多人死亡。

　　火山熔岩流灾害。火山喷发，特别是裂隙式喷发，熔岩流经过的地域多，覆盖面大，造成危害也很严重。1783年冰岛拉基火山喷发，岩浆沿着16千米长的裂隙喷出，覆盖面积达565平方千米。造成冰岛人口减少1/5，家畜死亡一半。

　　火山碎屑和火山灰灾害。通常火山爆发会抛出大量的火山碎屑和火

山灰，它们会掩埋房屋、破坏建筑，危及生命安全。1951年1月，巴布亚新几内亚的拉明顿火山爆发，炽热的火山灰毁坏的土地面积200多平方千米，造成房屋倒塌，2942人丧生，危害严重。

火山喷气灾害。火山爆发时常伴有大量气体喷出。有些火山喷发释放出的有毒气体足以致人于死地。1986年8月喀麦隆尼沃斯火山喷发，有1700余人死于火山喷出的二氧化硫等有害气体。

火山引发泥石流灾害。泥石流是火山爆发引发的一种破坏力极大的流体，可以给流经地区造成严重的破坏。1985年，哥伦比亚安第斯山脉最北部的鲁伊斯火山爆发，火山碎屑流溶化了山顶冰盖，形成大规模的泥石流，造成2万多人丧生，7700余人无家可归，流离失所。

火山灾害
是怎样形成的

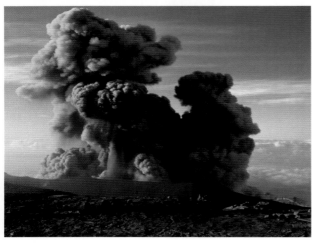

火山的形成概况

地壳之下100~150千米处，有一个"液态区"，区内存在着高温、高压下含气体挥发的熔融状硅酸盐物质即岩浆。它一旦从地壳薄弱的地段冲出地表，就形成了火山。

在地球上已知的"死火山"约有2000座；已发现的"活火山"共有500多座，其中大部分在陆地上，小部分是海底火山。

火山在地球上分布是不均匀的，它们都出现在地壳中的断裂带。就世界范围而言，火山主要集中在环太平洋一带和印度尼西亚向北经缅甸、喜马拉雅山脉、中亚细亚到地中海一带，现今地球上的活火山99%都分布在这两个带上。火山出现的历史很悠久，有些火山在人类有史以前就喷发过，但现在

已不再活动，这样的火山称之为"死火山"；不过也有的"死火山"随着地壳的变动会突然喷发，人们称之为"休眠火山"；人类有史以来，时有喷发的火山，称为"活火山"。

火山活动能喷出多种物质，在喷出的固体物质中，一般有被爆破碎了的岩块、碎屑和火山灰等；在喷出的液体物质中，一般有熔岩流、水、各种水溶液，以及水、碎屑物和火山灰混合的泥流等；在喷出的气体物质中，一般有水蒸气和碳、氢、氮、氟、硫等的氧化物。除此之外，在火山活动中，还常伴有可见或不可见的光、电、磁、声和放射性物质等变化，这些物质有时能置人于死地，或使电、仪表等失灵，使飞机、轮船等失事。火山喷发可在短期内给人类和生命财产造成巨大的损失，它是一种灾难性的自然现象。然而火山喷发后，它能提供丰富的土地、热能和许多种矿产资源，还能提供旅游资源。

许多书籍中都对火山喷发的情形做了详细的描述。例如在《黑龙江外传》中记述了黑龙江五大连池火山群中两座火山喷发的情况："墨尔根

触目惊心的
火山灾害

（今嫩江）东南，一日地中出火，石块飞腾，声振四野，越数日火熄，其地遂成池沼。此康熙五十八年事。"

火山的活动类型

火山喷发的强弱与熔岩性质有关，喷发时间也有长有短，短的几小时，长的可达上千年。按火山活动情况可将火山分为三类：活火山、死火山和休眠火山。

活火山。指现今尚在活动或周期性发生喷发活动的火山。世界上大约有500座活火山。这类火山正处于活动的旺盛时期。如爪哇岛上的梅拉皮火山，20世纪以来，平均间隔两年就要持续喷发一个时期；我国近期火山活动以台湾岛大屯火山群的主峰七星山最为有名，而近6年在新疆昆仑山西段于田的卡尔达西火山群也有过火山喷发的记录。

死火山。指史前曾发生过喷发，但有史以来一直未活动过的火山。此类火山已丧失了活动能力。有的火山仍保持着完整的火山形态，有的则已遭受风化侵蚀，只剩下残缺不全的火山遗迹。我国山西大同火山群在方圆约1230平方千米的范围内，分布着99个孤立的火山锥，其中狼窝山火山锥高将近19000米。

　　休眠火山。指有史以来曾经喷发过，但长期以来处于相对静止状态的火山。此类火山都保存有完好的火山锥形态，仍具有火山活动能力，或尚不能断定其已丧失火山活动能力。如我国白头山天池，曾于1327年和1658年两度喷发，在此之前还有多次活动。目前虽然没有喷发活动，但从山坡上一些深不可测的喷气孔中不断

喷出高温气体，可见该火山目前正处于休眠状态。

　　应该说明的是，这三种类型的火山之间没有严格的界限。休眠火山可以复苏，死火山也可以"复活"，相互间并不是一成不变的。

　　过去人们一直认为意大利的维苏威火山是一个死火山，于是在火山脚下，人们建筑起许多的城镇，在火山坡上开辟了葡萄园，但在公元26年维

苏威火山突然爆发，高温的火山喷发物袭占了毫无防备的庞贝和赫拉古农姆两座古城，两座城市及居民全部毁灭和丧生。

火山的喷发类型

火山作用受到岩浆性质、地下岩浆库内压力、火山通道形状、火山喷发环境等因素的影响，使得火山喷发具有下列类型。

裂隙式喷发。岩浆沿着地壳上巨大裂缝溢出地表，称为裂隙式喷发。这类喷发没有强烈的爆炸现象，喷出物多为基性熔浆，冷凝后往往形成覆盖面积广的熔岩台地。如分布于我国西南川滇黔三省交界地区的二叠纪峨眉山玄武岩和河北张家口以北的第三纪汉诺坝玄武岩都属裂隙式喷发。现代裂隙式喷发主要分布于大洋底的洋中脊处，在陆地上只有冰岛可见到此类火山喷发活动，故又称为冰岛型火山。

中心式喷发。地下岩浆通过管状火山通道喷出地表，称为中心式喷发。这是现代火山活动的主要形式，又可细分为三种。

宁静式：火山喷发时，只有大量炽热的熔岩从火山口宁静溢出，顺着山坡缓缓流动，好像煮沸了的米汤从饭锅里沸泻出来一样。溢出的以基性熔浆为主，熔浆温度较高，黏度小，易流动；含气体较少，无爆炸现象，

夏威夷诸火山为其代表，又称为夏威夷型。

爆裂式：火山爆发时，产生猛烈的爆炸，同时喷出大量的气体和火山碎屑物质，喷出的熔浆以中酸性熔浆为主。1568年6月25日，西印度群岛的培雷火山爆发就属于此类，也称培雷型。

中间式：属于宁静式和爆裂式喷发之间的过渡型，这种类型以中基性熔岩喷发为主。如果有爆炸时，爆炸力也不会太大。可以连续几个月甚至几年长期平稳地喷发，并以伴有间歇性的爆发为特征。以靠近意大利西海岸利帕里群岛上的斯特朗博利火山为代表，该火山大约每隔2～3分钟喷发一次，夜间在669千米以外仍可见火山喷发的光焰。故此又称斯特朗博利式。

熔透式喷发。岩浆熔透地壳大面积地溢出地表，称为熔透式喷发。这是一种古老的火山活动方式，现代已不存在。一些学者认为，在太古代时，地壳较薄，地下岩浆热力较大，常造成熔透式岩浆喷出活动。

火山喷发的过程

火山喷出地表前的过程归纳为三个阶段：岩浆形成与初始上升阶段、岩浆囊阶段和从岩浆囊到地表阶段。

岩浆形成与初始上升阶段。岩浆的产生必须有两个过程——部分熔融和熔融体与母岩分离。实际上这两种过程不大可能互相独立，熔融体与母岩的分离可能在熔融开始产生时就有了。部分熔融是液体（即岩浆）和固体（结晶）的共存态，温度升高、压力降低和固相线降低均可产生部分熔融。当部分熔融物质随地幔流上升时，在流动中也会产生液体和固体的分离现象，从而产生液体的移动乃至聚集，称之为熔离。

岩浆囊阶段。岩浆囊是火山底

下充填着岩浆的区域，是地壳或上地幔岩石介质中岩浆相对富集的地方。一般视为与油藏类似的岩石孔隙（或裂隙）中的高温流体，通常认为在地幔柱内，岩浆只占总体积的5%～30%。从局部看，可以视为内部相对流通的液态集合。岩浆是由岩浆熔融体、挥发物以及结晶体组成的混合物。

从岩浆囊到地表阶段。岩浆从岩浆源区一直到近地表的通路的上升，与岩浆囊的过剩压力、通道的形成与贯通以及岩浆上升中的结晶、脱气过程有关。当地壳中引张力或剪应力大于当地岩石破裂强度时，便可能形成张性或张-剪性破裂，若这些裂隙互相连通，就可以作为岩浆喷发的通道。

火山的巨大影响

最具威力、最壮观的火山爆发常常发生在俯冲带。这里的火山可能在沉寂达数百年之后再度爆发，而一旦爆发，威力就特别猛烈。这样的火山爆发常常会给人类带来灭顶之灾。

影响全球气候。火山爆发时喷出的大量火山灰和火山气体会对气候造成极大的影响。因为在这种情况下，昏暗的白昼和狂风暴雨，甚至泥浆雨都会困扰当地居民长达数月之久。火山灰和火山气体被喷到高空中去，它们就会随风散布到很远的地方。这些火山物质会遮住阳光，导致气温下降。此外，它们还会滤掉某些波长的光线，使得太阳和月亮看起来就像蒙上一层光晕，或是泛着奇异的色彩，尤其在日出和日落时能形成奇特的自然景观。

破坏环境。火山爆发喷出的大量火山灰和暴雨结合会形成泥石流，冲毁道路、桥梁，淹没附近的乡村和城市，使得无数人无家可归。岩石虽被火山灰云遮住了，但火山刚爆发时仍可看到被喷到半空中的巨大岩石。火山爆发呈现了大自然疯狂的一面。一座爆发中的火山，可能会流出灼热的红色熔岩流，或是喷出大量的火山灰和火山气体。这样的自然浩劫可能造成成千上万人伤亡的惨剧，不过大多数火山爆发只对生命和财产造成轻微的伤害。火山爆发是世界各地都可能发生的自然灾害，只是有些地区发生得比较频繁而已。

重现生机。火山爆发对自然景观的影响十分深远。土地是世界上最宝贵的资源，因为它能孕育出各种植物来供养万物。如果火山爆发能给农田盖上不到20厘米厚的火山灰，对农民来说可真是喜从天降，因为这些火山灰富含养分能使土地更肥沃。

天崩地裂
的地震灾害

地震灾害的产生

　　地震是地壳快速释放能量的过程中造成振动，期间会产生地震波的一种自然现象。地震常常造成严重的人员伤亡，会引起火灾、水灾、有毒气体泄漏，细菌及放射性物质扩散，还有可能造成海啸、滑坡、崩塌、地裂缝等次生灾害。它是地球上经常发生的一种自然现象。

　　地震发源于地下某一点，该点称为震源。振动从震源传出，在地球中传播。地面上离震源最近的一点称为震中，它是接受振动最早的部位。破

灾害名片

名　称：地震

成　因：地球板块之间挤压碰撞
　　　　造成内部错动破裂

类　型：特别重大、重大、较
　　　　大、一般

危　害：建筑物毁坏、滑坡、泥
　　　　石流、海啸等

坏性地震的地面振动最烈处称为极震区，极震区往往也就是震中所在的地区。大地震动是地震最直观、最普遍的表现。在海底或滨海地区发生的强烈地震，能引起巨大的波浪，称为海啸。

地震是极其频繁的，全球每年发生地震约500万次，对整个人类社会有着很大的影响。

地震发生时，最基本的现象是地面的连续振动，主要是明显的晃动。极震区的人在感到大的晃动之前，有时首先感到上下跳动。这是因为地震波从地内向地面传来，纵波首先到达的缘故。横波接着产生大振幅的水平方向的晃动，是造成地震灾害的主要原因。

1960年智利大地震时，最大的晃动持续了3分钟。地震造

成的灾害首先是破坏房屋和构筑物，造成人畜的伤亡，如1976年我国河北唐山地震中70%～80%的建筑物倒塌，人员伤亡惨重。

地震对自然界景观也有很大影响。最主要的后果是地面出现断层和地裂缝。大地震的地表断层常绵延几十至几百千米，往往具有较明显的垂直错距和水平错距，能反映出震源处的构造变动特征。但并不是所有的地表断裂都直接与震源的运动相联系，它们也可能是由于地震波造成的次生影响。特别是地表沉积层较厚的地区，坡地边缘、河岸和道路两旁常出现地裂缝，这往往是由于地形因素，在一侧没有依托的条件下晃动使表土松垮和崩裂。

地震的晃动使表土下沉，浅层的地下水受挤压会沿地裂缝上升至地表，形成喷沙冒水现象。大地震能使局部地形改观，或隆起，或沉降。使城乡道路坼裂、铁轨扭曲、桥梁折断。

在现代化城市中，由于地下管道破裂和电缆被切断造成停水、停电和通信受阻。煤气、有毒气体和放射性物质泄漏可导致火灾和毒物、放射性污染等次生灾害。

　　在山区，地震还能引起山崩和滑坡，常造成掩埋村镇的惨剧。崩塌的山石堵塞江河，在上游形成地震湖。1923年日本关东大地震时，神奈川县发生泥石流，顺山谷下滑，远达5000米。

地震产生的原因

　　引起地球表层振动的原因很多，根据地震的成因，可以把地震分为以下几种：

　　构造地震。由于地下深处岩层错动、破裂所造成的地震称为构造地震。这类地震发生的次数最多，而且破坏力也最大，约占全世界地震的90%以上。

　　火山地震。由于火山作用，如岩浆活动、气体爆炸等引起的地震称为火山地震。只有在火山活动区才可能发生火山地震，这类地震只占全世界地震的7%左右。

　　塌陷地震。由于地下岩洞或矿井顶部塌陷而引起的地震称为塌陷地震。这类地震的规模比较小，次数也很少，即使有也往往发生在溶洞密布的石灰岩地区或大规模地下开采的矿区。

　　诱发地震。由于水库蓄水、油田注水等活动而引发的地震称为诱发地

摧毀一切的
地震灾害

震。这类地震仅仅在某些特定的水库库区或油田地区发生。

人工地震。地下核爆炸、炸药爆破等人为引起的地面振动称为人工地震。人工地震是由人为活动引起的地震。如工业爆破、地下核爆炸造成的振动；在深井中进行高压注水以及大水库蓄水后由于增加了地壳的压力，有时也会诱发地震。

地震造成的后果

地震发生后，常常造成严重的人员伤亡和财产损失，震区会受到直接的地震灾害和间接的次生灾害。直接的地震灾害是指由于地震破坏作用，即由于地震引起的强烈振动和地震造成的地质灾害导致房屋、工程结构、物品等物质的破坏，包括以下几方面：

房屋修建在地面，量大面广，是地震袭击的主要对象。房屋坍塌不仅造成巨大的经济损失，而且直接恶果是砸压屋内人员，造成人员伤亡和室内财产破坏损失。

人工建造的基础设施，如交通、电力、通信、供水、排水、燃气、输油、供暖等生命线系统，大坝、灌渠等水利工程等，都是地震破坏的对象，这些结构设施破坏的后果也包括本身的价值和功能丧失两个方面。城镇生命线系统的功能丧失还给救灾带来极大的障碍，加剧地震灾害。

工业设施、设备、装置的破坏显然带来巨大的经济损失，也影响正常的供应和经济发展。牲畜、车辆等室外财产也遭到地震的破坏。

大震引起的山体滑坡、崩塌等现象还破坏基础设施、农田等，造成林地和农田的损毁。

地震次生灾害是指由于强烈地震造成的山体崩塌、滑坡、泥石流、水灾等威胁人畜生命安全的各类灾害。地震次生灾害大致可分为两

大类：一是社会层面的，如道路破坏导致交通瘫痪、煤气管道破裂形成的火灾、下水道损坏对饮用水源的污染、电信设施破坏造成的通信中断，还有瘟疫流行、工厂毒气污染、医院细菌污染或放射性污染等；二是自然层面的，如滑坡、崩塌落石、泥石流、地裂缝、地面塌陷、砂土液化等次生地质灾害和水灾，发生在深海地区的强烈地震还有可能引起海啸。

无情的地震

"地震"轰轰烈烈地来了，顷刻间，又无声无息地走了，留下来的却是让人类无法接受的现实。在地震的面前，人类只能徒然看着灾难的发生，也就在那一瞬间，使无数人命运发生了扭转，中断了人生"美梦"！

地震是一种极具破坏力的灾害，它的来临不但让人类束手无策，而且还会给人类带来更大程度的灾难，比如海啸、火山爆发等，这些都是威胁人类最严重的自然灾难。

在它无情地摧毁一幢幢大楼时，在它无情地将活生生的生命掩埋在那些废墟下时，由它造成的许多惨剧，人类都无法与之对抗。它是那样极具威力，而人类此时却显得那般无力。为此，我们应该学习一些地震预防知识，当灾害来临时，好充分应对，并最大限度地减少生命与财产损失。

20世纪
以来最强地震

世界最强地震

自1900年以来，频发的地震给人类带来了深重的灾难。以下是20世纪以来大地震的基本情况(按震级排列)：

1960年5月22日，智利发生里氏9.5级大地震。这次地震发生在智利中部海域，并引发海啸及火山爆发。此次地震共导致5000人死亡，200万人无家可归。

1964年3月28日，美国阿拉斯加发生里氏9.2级大地震。此次地震引发海啸，导致125人死亡，财产损失达3.11亿美元。阿拉斯加州大部分地区、加拿大育空地区及哥伦比亚等地都有强烈震感。

1957年3月9日，美国阿拉斯加发生里氏9.1级大地震。此次地震发生在美国阿拉斯加州安德里亚岛及乌那克岛附近海域。地震导致休眠长达200年的维塞维朵夫火山喷发，并引发15米高的大

海啸，影响远至夏威夷岛地区。

2004年12月26日，印度尼西亚发生里氏9.0级大地震。此次地震发生在位于印度尼西亚苏门答腊岛上的亚齐省。地震引发的海啸席卷斯里兰卡、泰国、印度尼西亚及印度等国，导致约30万人失踪或死亡。

2005年3月28日，印度尼西亚发生里氏8.7级大地震。震中位于印度尼西亚大地震苏门答腊岛以北海域，离3个月前发生9.0级地震位置不远。造成1000人死亡，幸未引发海啸。

2013年9月24日19时29分在巴基斯坦发生7.8级地震，震源深度40千米，震中位于巴基斯坦西部的俾路支斯坦达尔本丁地区的哈兰附近。地震共造成至少515人遇难，另有近700人受伤，数百间房屋坍塌，10万多人无家可归。

我国最强地震

1950年8月15日，西藏察隅发生震级为8.6级的强烈地震。喜马拉雅山几十万平方千米的大地瞬间面目全非：雅鲁藏布江在山崩中被截成四段，

整座村庄被抛到江对岸。2000余座房屋及寺庙被毁，至少有1500人死亡。

1920年12月16日，宁夏海原发生震级为8.5级的强烈地震。死亡24万人，毁城4座，数十座县城遭受破坏。

2008年5月12日，四川汶川发生震级为8.0级地震，直接严重受灾地区达10万平方千米。截至7月4日12时，四川汶川地震已造成6.9万多人遇难，37万多人受伤，失踪1.8万多人。紧急转移安置1500多万人，累计受灾人数4000多万人。

1927年5月23日，甘肃古浪发生震级为8级的强烈地震。死亡4万余人。地震发生时，土地开裂，冒出发绿的黑水，硫黄毒气横溢，熏死饥民无数。

1976年7月28日，河北唐山发生震级为7.8级的大地震。死亡24万多人，重伤16万人，一座重工业城市毁于一旦，直接经济损失100亿元以上，为20世纪世界上人员伤亡最大的地震。

1970年1月5日，云南通海发生震级为7.7级的大地震。死亡1.5万多人，伤残3.2万多人。为我国1949年以来继1954年长江大水后第二个死亡万人以上的重灾。

1988年11月6日，云南澜沧与耿马发生震级为7.6级和7.2级的两次大地震。相距120千米的两次地震，时间仅相隔13分钟，两座县城被夷为平地，伤4000多人，死亡700多人，经济损失约25亿元。

1932年12月25日，甘肃昌马堡发生震级为7.6级的大地震。死亡7万人。地震发生时，有黄风白光在黄土墙头"扑来扑去"；山岩乱蹦冒出灰尘，我国著名古迹嘉峪关城楼被震坍一角；疏勒河南岸雪峰崩塌；千佛洞落石滚滚……余震频频，持续竟达半年。

1975年2月4日，辽宁海城发生震级为7.3级的大地震。由于此次地震被成功预测、预报、预防，使巨大和惨重的损失得以避免，它因此被称为20世纪地球科学史和世界科技史上的奇迹。

2013年4月20日，四川雅安市芦山发生7.0级地震，震源深度13千米。造成重大人员伤亡和财产损失。地震遇难人数达190多人，1万多人受伤，累计造成38万多人受灾。

排山倒海的海啸灾害

海啸灾害的产生

海啸是一种具有强大破坏力的海浪。当地震发生于海底，因震波的动力而引起海水剧烈的起伏，形成强大的波浪，向前推进，将沿海地带——淹没的灾害，称之为海啸。

海啸通常是由震源在海底下50千米以内、里氏地震规模6.5级以上的海底地震引起的。海啸波长比海洋的最大深度还要大，在

灾害名片

名称：海啸

成因：海底地震、沿岸山崩或火山爆发引起

类型：地震海啸、火山海啸、滑坡海啸

危害：以摧枯拉朽之势袭击海岸，人和设施被席卷一空

海底附近传播也没受多大阻滞，不管海洋深度如何，波都可以传播过去。

海啸在海洋的传播速度大约每小时500～1000千米，而相邻两个浪头的距离也可能远达500～650千米，当海啸波进入陆地后，由于深度变浅，波高突然增大，它的这种波浪运动所卷起的海涛波高可达数十米，并形成"水墙"。这种水墙以排山倒海之势摧毁堤防，涌上陆地，吞没城镇、村庄、耕地。随即海水骤然退去，往往再次涌入，有时反复多次，在滨海地区造成巨大的生命财产损失。

海啸同风产生的浪或潮是有很大差异的。微风吹过海洋，泛起相对较短的波浪，相应产生的水流仅限于浅层水体。不过，尽管猛烈的大风能够在辽阔的海洋卷起高度3米以上的海浪，但也不能撼动深处的水。而潮汐每天席卷全球两次，它产生的海流跟海啸一样能深入海洋底部。但是海啸并非由月亮或太阳的引力引起，它由海底地震推动所产生，或由火山爆发、陨星撞击、水下滑坡所产生。

海啸波浪在深海的速度能够超过700千米/时，可轻松地与波音747飞机保持同步。虽然速度快，但在深水中海啸并不危险，低于几米的一次单个波浪在开阔的海洋中其长度可超过750千米，这种作用产生的海表倾斜如此之细微，以致这种波浪通常在深水中不经意间就过去了。

排山倒海的
海啸灾害

海啸通常是静悄悄地不知不觉地通过海洋，然而如果出乎意料地肆虐到浅水中它会达到灾难性的高度。

海啸产生原因

海啸是一种具有强大破坏力的海浪。水下地震、火山爆发或水下塌陷和滑坡等大地活动都可能引起海啸。地震发生时，海底地层发生断裂，部分地层出现猛然上升或者下沉，由此造成从海底到海面的整个水层发生剧烈"抖动"。这种"抖动"与平常所见到的海浪大不一样。

海浪一般只在海面附近起伏，涉及的深度不大，波动的振幅随水深衰减很快。地震引起的海水"抖动"则是从海底到海面整个水体的波动，其中所含的能量惊人。海啸波长很大，可以传播几千千米而能量损失很小。在一次震动之后，震荡波在海面上以不断扩大的圆圈，传播到很远的距离，正像卵石掉进浅池里产生的波一样。

由地震引起的波动与海面上的海浪不同，一般海浪只在一定深度的水层波动，而地震所引起的水体波动则是从海面到海底整个水层的起伏。破坏性的地震海啸，只在出现垂直断层、里氏震级＞6.5级的条件下才能发生。海啸的传播速度与它移行的水深成正比。在太平洋，海啸的传播速度一般为200～300千米/时至1000千米/时。海啸不会在深海大洋上造成灾

害，正在航行的船只甚至很难察觉这种波动。海啸发生时，往往越在外海越安全。一旦海啸进入大陆架，由于深度急剧变浅，波高骤增，这种巨浪可带来毁灭性灾害。

海啸来袭之前，海潮为什么先是突然退到离沙滩很远的地方，一段时间之后海水才重新上涨？大多数情况下，出现海面下落的现象都是因为海啸冲击波的波谷先抵达海岸。波谷就是波浪中最低的部分，它如果先登陆，海面势必下降。同时，海啸冲击波不同于一般的海浪，其波长很大，因此波谷登陆后，要隔开相当一段时间波峰才能抵达。

另外，这种情况如果发生在震中附近，那可能是另一个原因造成的：地震发生时，海底地面有一个大面积的抬升和下降。这时，地

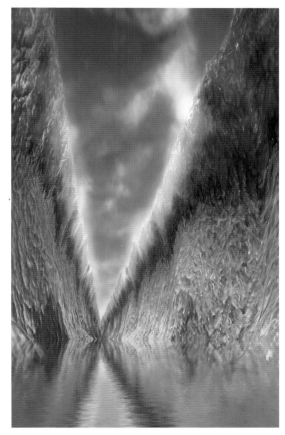

震区附近海域的海水也随之抬升和下降，然后就形成海啸。此外海底火山爆发，土崩及人为的水底核爆也能造成海啸，陨石撞击也会造成海啸，而且陨石造成的海啸"水墙"可达百尺，并在任何水域都会发生，不一定在地震带。不过，陨石造成的海啸可能千年才会发生一次。

海啸的几种类型

海啸可分为4种类型。即由气象变化引起的风暴潮、火山爆发引起的火山海啸、海底滑坡引起的滑坡海啸和海底地震引起的地震海啸。地震海啸是海底发生地震时，海底地形急剧升降变动引起海水强烈扰动。其机制有两种形式，分别为"下降型"海啸和"隆起型"海啸。

"下降型"海啸：某些构造地震引起海底地壳大范围的急剧下降，海水首先向突然错动下陷的空间涌去，并在其上方出现海水大规模积聚，当涌进的海水在海底遇到阻力后，即翻回海面产生压缩波，形成长波大浪，并向四周传播与扩散，这种下降型的海底地壳运动形成的海啸在海岸首先表现为异常的退潮现象。1960年智利地震海啸就属于此种类型。

"隆起型"海啸：某些构造地震引起海底地壳大范围的急剧上升，海水也随着隆起区一起抬升，并在隆起区域上方出现大规模的海水积聚，而且在重力的作用下，海水必须保持一个等势面以达到相对平衡，于是海水从波源区向四周扩散，形成汹涌巨浪。这种隆起型的海底地壳运动形成的海啸波在海岸首先表现为异常的涨潮现象。1983年5月26日，日本海7.7级地震引起的海啸就属于此种类型。

海啸产生的危害

剧烈震动之后不久，巨浪呼啸，以摧枯拉朽之势，越过海岸线，迅猛地袭击着岸边的城市和村庄，瞬时人们都消失在巨浪中。港口所有设施和震塌的建筑物，在狂涛的洗劫下，被席卷一空。事后，海滩上一片狼藉，到处是残木破板和人畜尸体。地震海啸给人类带来的灾难是十分巨大的。目前，人类对地震、火山、海啸等突如其来的灾变，只能通过预测、观察来预防或减少它们所造成的损失，但还不能控制它们的发生。我国位于太平洋西岸，大陆海岸线长达1.8万千米。但由于我国大陆沿海受琉球群岛和东南亚诸国阻挡，加之大陆架宽广，越洋海啸进入这一海域后，能量衰减较快，对大陆沿海影响较小。因为地震波沿地壳传播的速度远比地震海啸波运行速度快，所以海啸是可以提前预报的。

不过，海啸预报比地震探测还要难。因为海底的地形太复杂，很难测得准。1964年国际上成立了全球海啸警报系统协调小组，太平洋由于海啸多发，所以海啸预警系统很发达。

| # 最可怕
的九次海啸灾难

难以预测的海啸灾难

海啸，一种极具破坏力、灾难性很强的海浪。尽管它的来临在一定程度上是有预兆的，但由于它在外海时水深、波浪起伏小等原因都不会被注意。所以当它到来时，还是会让人们措手不及，付出惨重的代价。

海啸是一种灾难性的海浪，它通常是由海底地震所引发的。当在海底下50千米以内出现6.5级以上的海底地震时，就会出现海啸。此外，水下或沿岸山崩和火山爆发也是引发海啸的主要因素。

当一次震动过后，震荡波就会在海面上形成不断扩大的圆圈，它可以传播到很远的地方，这种波长比海洋的最大深度还要大，它的运动可以掀起惊涛骇浪，它卷起的海涛高度可达到数十米。在这种极大的能量面前，人类的任何制止行为都是毫无意义的，甚至说人类是没有任何办法的。

每一次海啸过后，都会造成生命和财产的严重损毁。然而海啸又属于

自然灾害，人类要避免它的发生几乎是办不到的。如果可以提前预测到，人类就可以在灾害来临之前逃生，但在海啸预测尚不完善的今天，人类只能听天由命，任海啸肆无忌惮地袭击。

近百年来，海啸对人类生命及财产造成了严重的摧残，下面是致使人类死亡过千的七次重大海啸。

意大利墨西拿海啸

1908年12月28日，意大利西西里岛的墨西拿市出现了由7.5级地震引发的海啸。此次海啸掀起了高达12米的巨浪，造成了惊人的破坏。其中，墨西拿市在地震和地震引发的海啸中死亡达8.2万人，而在西西里以及意大利其他南部地区更是造成了十几万人的死亡。这次灾难的发生，瞬间使海峡两岸的墨西拿市和卡拉布里亚市的建筑物变成了一片废墟。当时，墨西拿大主教也被埋在了倒塌地宫殿下，直到5天以后他才被营救出来。

而就在此时，其他很多刚刚活着从废墟中爬出来的人转瞬间却又被涌进市区的巨浪卷走了。由于海浪的来回席卷，使整个墨西拿市区、港口以及周边40多个村庄都遭受到了洗劫。更糟糕的是，随之而来的饥饿和疾病夺走了更多人的生命。这就是欧洲历史上因地震发生的死亡人数最多的一次灾难性海啸。

日本近海海啸

1933年3月2日，日本三陆近海因地震造成的海啸，其震级为8.9级，是历史上震级最强的一次，此次地震引发的海啸浪高达29米，死亡人数有3000人。

墨西哥地震海啸

1959年10月30日，墨西哥由于地震引发了海啸，海啸又引发了山体滑坡，造成了5000人死亡。

智利中南部海啸

1960年5月21~27日，智利中南部的海底发生了20世纪以来震级最大的震群型地震，引发了巨大的海啸。其中最大震级为8.9级，这次地震还引发了严重的次生灾害。

此次海啸，在智利附近的海面上形成了高达30米的海浪，周围房屋、建筑物被席卷不计其数，智利一座城市中的一半建筑物也变成瓦砾。另外，智利沿岸100多座防波堤坝被冲毁，2000余艘船只被毁，损失高达5.5亿美元。海啸造成了数万人死亡和失踪，200万人无家可归。

当时，海浪以时速600~700千米的速度扫过太平洋，人们在刹那间都被卷入了巨浪中。被巨浪吞噬的人中，有的是被卷进了海洋的深处，有的则被巨浪拍到了天空中，还有的被汹涌的波涛拥上了堤岸。

海浪在袭击日本时仍高达4米，导致日本800人死亡，1000多所住宅被冲走，2万多亩良田被淹没，15万人无家可归。

菲律宾莫罗湾海啸

1976年8月16日，菲律宾莫罗湾海啸，造成了8000人丧生。

巴布亚新几内亚海啸

1998年的7月，因为两个7.0级海底地震导致了巴布亚新几内亚约2100人丧命。

当月17日，非洲巴布亚新几内亚海底地震引发的49米巨浪海啸，造成了2200人死亡，数千人无家可归。

北印度洋海域海啸

2004年12月26日，在印度尼西亚苏门答腊岛以北印度洋海域发生了8.5级的强烈地震，并引发了大规模的海啸，为此，东南亚和南亚数个国家被殃及，造成了重大的人员伤亡。据统计，各国伤亡人数为：

　　印尼受袭最为严重，造成了约23万人死亡或失踪；

　　泰国罹难者总人数为5000多人，失踪人数3000多人，其中1000多人为外国人；

　　斯里兰卡是损失仅次于印尼的国家，受难者总人数为3万多人，失踪者人数为5000多人；

　　印度的官方统计，丧生人数是1万多人，失踪人数为5000多人；

　　缅甸有60多人在海啸中死亡，而据联合国估测该国死亡人数为90人；

　　马尔代夫也有80多人罹难，失踪人数20多人；

　　马来西亚有60多人受难，大多数为槟榔屿群众；

　　孟加拉国有2人死亡；

　　非洲东海岸也有很多人在海啸中遇难，其中索马里死亡近300人，坦桑尼亚死亡10人，肯尼亚死亡1人。

日本地震引发海啸

2011年3月11日14时46分，日本发生里氏9.0级地震，震中位于宫城县以东太平洋海域，震源深度20千米。地震引发的海啸最高达到23米。截至3月20日，地震海啸已造成8133人死亡，12272人失踪。

巴基斯坦海啸生成新小岛

2013年9月24日16时29分，巴基斯坦西南部地区发生7.7级强震，震中位于俾路支省胡兹达尔市西南约100千米处，震源深度15千米，造成至少93人丧生。此次地震引发海啸，导致海床上升，在巴基斯坦靠近阿拉伯海的瓜达尔地区近海600米处冒出一个约30米长、10米高的小岛。

海啸发生时的预警和自救

虽然每一场灾难过后，受灾国都会受到民间和国际社会的积极救援，可那些被海啸带走的生命与财产是永远也无法回归的。

就如在印度尼西亚海域发生的海啸来说，当得知灾情发生后，各国都采取了积极的援救，印尼总统苏西洛立刻指示全国对灾区实施救援，同时命令印尼军方派出通信、工程和卫生兵对灾区展开援救。灾难过后，海啸灾难的幸存者大都成了难民，许多人都带有不同程度的伤情，在被海啸吞噬家园后的恶劣环境下，不仅患者的病情难以得到有效治疗，甚至很有可能会使没有受伤的难民们感染某种疾病。

1946年夏威夷发生海啸后，美国就建立了海啸预警系统。该系统可以监测到海底地质结构的变化，然后将数据传送到预警中心。之后，又成立了国际太平洋海啸组织，有22个国家加入了该组织。随后，苏联（现俄罗斯）、日本、美国阿拉斯与夏威夷也先后拥有了自己的海啸预警系统。

由于有了这些海啸预警系统，在一定程度上减少了海啸的灾害。所以提前预警非常重要，这样才能赢得提前撤离的时间，减少人员伤亡和财产损失。那么，在没有获得预警信息的情况下，如何在灾难发生前后有效地保护自己呢？

海啸发生的最早信号是地面强烈震动，地震波与海啸的到达有一个时间差，正好有利于预防。地震是海啸的"排头兵"，如果感觉到较强的震动，就不要靠近海边、江河的入海口。如果听到有关附近地震的报告，要做好防海啸的准备，要记住，海啸有时会在地震发生几小时后到达离震源上千千米远的地方。

还有，如果发现潮汐突然反常涨落，海平面显著下降或者有巨浪袭来，并且有大量的水泡冒出，应以最快速度撤离岸边。

另外，海啸登陆时海水往往明显升高或降低，如果看到海面后退速度异常快，立刻撤离到内陆地势较高的地方。海水异常退去时往往还会把鱼

虾等许多海生动物留在浅滩，场面蔚为壮观。此时千万不要前去捡鱼或看热闹，应当迅速离开海岸，向内陆高处转移。

如果有迹象表明海啸即将发生，船主应该把停泊在海港里的船开到开阔海面，驶向深海区，因为深海区相对于海岸更为安全；若时间已经来不及开出海港，船主由应带领所有人都应立即撤离船只。

如果知道海啸已经发生，航行在海上的船只千万不可回港或靠岸，因为海啸在海港中造成的落差和湍流非常危险，行驶在海上相对来说要安全一些。

汹涌不息
的洪水灾害

不同类型洪灾的危害

　　洪水灾害是河、湖、海所含的水体上涨，超过常规水位的水流现象。洪水常威胁沿河、滨湖、近海地区的安全，甚至造成淹没灾害。洪水灾害是我国发生频率高、危害范围广、对国民经济影响最为严重的自然灾害，亦是威胁人类生存的十大自然灾害之一。洪水灾害的形成受自然因素与人类活动因素的影响。洪水可分为河流洪水、湖泊洪水和海岸洪水等。其中，河流洪水依照成因的不同，又可分为以下几种类型：

灾害名片

名称：洪水

成因：暴雨、急剧融化的冰雪、风暴潮等引起

类型：河流洪水、湖泊、海岸洪水等

危害：洪水冲倒建筑物致人死伤，同时因灾情致使人饿死或病死

　　暴雨洪水是最常见的、威胁最大的洪水。它是由较大强度的降雨形成的，简称雨洪。我国受暴雨洪水威胁的主要地区有73.8万平方千米，分布在长江、黄河、淮河、海河、珠江、松花江、辽河七大江河下游和东南沿海地区。在中低纬度地带，洪水的发生多由雨形成。大江大河的流域面积大，且有河网、湖泊和水库的调蓄，不同场次的雨在不同支流所形成的洪峰汇集到干流时，各支流的洪水过程往往相互叠加，组成历时较长、涨落较平缓的洪峰。小河的流域面积和河网的调蓄能力较小，一次雨就形成一次涨落迅猛的洪峰。

　　河流洪水的主要特点是峰高量大、

来势汹汹的
洪水灾害

持续时间长、灾害波及范围广。近代的几次大水灾，如长江1931年和1954年大水、珠江1915年大水、海河1963年大水、淮河1975年大水等，都是这种类型的洪水。

山洪是山区溪沟中发生的暴涨暴落的洪水。由于山区地面和河床坡降

都较陡，降雨后产流和汇流都较快，形成急剧涨落的洪峰。所以山洪具有突发性强、水量集中、破坏力强等特点，但灾害波及范围较小。这种洪水如形成固体径流，则称作泥石流。

融雪洪水主要发生在高纬度积雪地区或高山积雪地区。在高纬度严寒地区，冬季积雪较厚，春季气温大幅度升高时，积雪大量融化而形成。

冰凌洪水主要发生在黄河、松花江等北方江河上。由于某些

河段由低纬度流向高纬度，在气温上升、河流开冻时，低纬度的上游河段先行开冻，而高纬度的下游河段仍封冻，上游河水和冰块堆积在下游河床，形成冰坝，也容易造成灾害。在河流封冻时也有可能产生冰凌洪水。

溃坝洪水是指大坝或其他挡水建筑物发生瞬时溃决，水体突然涌出，给下游地区造成灾害。这种溃坝洪水虽然范围不太大，但破坏力很大。水库失事时，存蓄的大量水体突然泄放，形成下游河段的水流急剧增长甚至漫槽成为立波向下游推进，形成这类洪水。冰川堵塞河道、壅高水位，然后突然溃决时，地震或其他原因引起的巨大土体坍滑堵塞河流，使上游的水位急剧上涨，当堵塞坝体被水流冲开时，在下游地区也形成这类洪水。

湖泊洪水是由于河湖水量交换或湖面大风作用或两者同时作用而发生吞吐流湖泊，当入湖洪水遭遇和受江河洪水严重顶托时常产生湖泊水位剧涨，因盛行风的作用，引起湖水运动而产生风生流，有时可达5~6米，如北美的苏必利尔湖、密歇根湖和休伦湖等。

另外，还有海岸洪水。海岸洪水是沿海岸水面产生大范围增水和强浪的现象。它是在天文潮、风暴潮、海啸及河流洪峰等因素作用下形成的。

　　天文潮。海水受引潮力作用，而产生的海洋水体的长周期波动现象。海面一次涨落过程中的最高位置称高潮最低位置称低潮，相邻高低潮间的水位差称潮差。加拿大芬迪湾最大潮差达19.6米，我国杭州湾的澉浦最大潮差达8.9米。

　　风暴潮。台风、温带气旋、冷峰的强风作用和气压骤变等强烈的天气系统引起的水面异常升降现象。它和相伴的狂风巨浪可引起水位涨，又称风潮洪水。

　　我国幅员辽阔，除沙漠、戈壁和极端干旱区及高寒山区外，大约2/3的国土面积存在不同类型和不同危害程度的洪水灾害。如果沿着400毫米降雨等值线从东北向西南划一条斜线，将国土分为东西两部分，那么东部地区是我国防洪的重点地区。

我国1998年特大洪灾

　　1998年汛期，长江上游先后出现8次洪峰并与中下游洪水遭遇，形成了全流域型大洪水。

　　洪水一泻千里，几乎全流域泛滥。加上东北的松花江、嫩江泛滥，我国全国包括受灾最重的江西、湖南、湖北、黑龙江4省，共有29个省、市、自治区都遭受了这场无妄之灾，受灾人口2.23亿人，死亡3000多人，倒塌房屋685万间，2000多万公顷土地全部被淹，经济损失达2551多亿元人民币。

泰国2011年洪灾

2011年7月底，在泰国南部地区因持续暴雨而引发洪灾，某些地区的降雨量达120厘米，造成366人死亡，200万人受灾。泰国76个府中有50个府受到洪水影响，其中洛坤府灾情最为严重，邻近地区也宣布进入紧急状态。受灾土地面积达1600平方千米，损失高达数千亿铢。

2013年夏季，泰国东部、北部和中部一些地区又遭受暴雨袭击，27个府的172个地区受到由暴雨引发的洪水侵袭，受灾人数近180万，其中9人死亡，数千所房屋和大片土地被淹。

越南2013年洪灾

　　2013年11月18日，台风"杨柳"给越南中部带来的强降雨引发的洪水，导致36人丧生，约8万人无家可归。此次死亡的36人分别来自受洪水袭击的越南中部5省。其中，平定省是此次受灾最严重的省份之一，仅在平定省就有18人死亡。另外，此次洪水还造成9人失踪。

　　越南是洪水多发的国家。自1964年起，越南平均每年受到10～13次风暴袭击。每年越南因为风暴造成的伤亡也有约百人。

我国历史上的洪水灾害

史书上的洪水灾害

据史书记载，我国的几条主要江河海河、黄河、淮河、长江、珠江发生洪涝灾害的情况如下。

海河：从1368～1948年约500年间，共发生水灾387次，平均每3年中有两年发生水灾。

黄河：自公元前602年以来的2600年间，决口达1593次，重大改道26次。

淮河：从1470年以来比较完整的资料统计分析，近500多年来共发生较大水灾350多次，平均两年一次，其中流域性的大洪水近20次。

长江：中下游自公元前185年～公元1911年的2096年中，曾经发生大大小小的水灾214次，平均10年一次；从1921年开始，发生较大洪水12次，约6年一次。

珠江：自汉代以来共发生较大范围洪水408次。其中下游沿岸地势平坦，洪水灾害更为频繁，平均30～40年一次大灾，2～3年一次小灾。

20世纪以后的洪灾

    1931年，我国发生特大水灾，有16个省受灾，其中最严重的是安徽、江西、江苏、湖北、湖南5省，山东、河北、浙江次之。八省受灾面积达14170万亩，这次大水灾祸不单行，还伴有其他自然灾害，加上社会动荡，受灾人口达1亿人，死亡370万人。

    1954年，洪灾全国受灾面积达2.4亿亩，成灾面积1.7亿亩。长江洪水淹没耕地4700余万亩，死亡3.3万人，京广铁路行车受阻100天。

    1991年，全国气候异常，西太平洋副热带高压长时间滞留在长江以南，江淮流域入海早，雨势猛，历时长。淮河发生了自1949年以来的第二位大洪水，3个蓄洪区、14个行洪区先后启用；太湖出现了有史以来的最高水位4.79米。长江支流滁河、澧水和乌江部分支流及鄂东地区中小河流举水等相继出现40余年来最大洪水；松花江干流发生两次大洪水，哈尔滨站最大流量1.07万立方米/秒，佳木斯站最大流量1.53万立方米/秒，分别为1949年以来第三位和第二位。

据统计，全国有28个省、市、自治区不同程度遭受水灾，农田受灾2459.6万公顷，成灾1461.4万公顷，倒房497.9万间，死亡5113人，直接经济损失779.08亿元。其中，皖、苏两省灾情最重，合计农田受灾966.5万公顷，成灾672.8万公顷，死亡1163人，倒房349.3万间，直接经济损失484亿元，各占全国总数的39%、46%、23%、70%和62%。

其他重大水灾有：1958年，黄河郑州花园口出现特大洪水，郑州黄河铁桥被冲毁；1963年，海河流域遭历史上罕见的洪水，受灾面积达6145万亩，减产粮食30多万吨。1982年，长江最长的支流汉江遭受特大洪水，安康老城被淹，损失惨重；1998年，一场世纪末的大洪灾几乎席卷了大半个中国，长江、嫩江、松花江等大江大河洪波汹涌，水位陡涨。800万军民与洪水进行着殊死搏斗。据统计，当年全国共有29个省区遭受了不同程度的洪涝灾害，直接经济损失高达1666亿元。

2012年7月21~22日8时左右，中国大部分地区遭遇暴雨，其中北京及其周边地区遭遇61年来最强暴雨及洪涝灾害。截至8月6日，北京已有79人因此次暴雨死亡，10660间房屋倒塌，160.2万人受灾，经济损失达116.4亿元。

2013年8月14日以来，东北灾情严重，8月15日松花江流域出现1998年来最大洪水，截至2013年8月19日16时，已造成辽宁、吉林、黑龙江三省111个县区市373.7万人受灾，造成的经济损失达7800万。

2013年8月16日以来，广东省遭受台风"尤特"袭击，大部分地区发生新一轮强降雨，造成严重灾害。截止到2013年8月22日，广东水灾已致43人死亡，9人失踪805万人受灾。

2013年10月7日受台风"菲特"影响，浙江余姚遭遇新中国成立以来最严重水灾，70%以上城区受淹，主城区城市交通瘫痪，大部分住宅小区低层进水，主城区全线停水、停电，商贸业损失严重。全市21个乡镇均受灾，受灾人口达83万多人。

可怕的地质灾害 | **065** |

来势凶猛的泥石流灾害

泥石流造成的危害

泥石流是在山区沟谷中由暴雨、冰雪融水等水源激发的含有大量的泥沙、石块的特殊洪流。其特点是往往突然暴发，浑浊的流体沿着陡峻的山沟前推后拥，奔腾而下，地面为之震动、山谷犹如雷鸣。

泥石流在很短时间内将大量泥沙、石块冲出沟外，在宽阔的堆积区横冲直撞、漫流堆积，常常给人类生

灾害名片

名称：泥石流

成因：因为暴雨、暴雪或其他自然灾害引发

类型：标准型泥石流、河谷型泥石流、山坡型泥石流

危害：摧毁房屋、设施；淹没人畜、毁坏土地、道路

命财产造成重大危害。

泥石流常具有暴发突然、来势凶猛、迅速之特点，并有崩塌、滑坡和洪水破坏的双重影响，其危害程度比单一的崩塌、滑坡和洪水的危害更为广泛和严重。它对人类的危害具体表现在以下四个方面：

一是对居民点的危害。泥石流最常见的危害之一是冲进乡村、城镇，摧毁房屋、工厂、企事业单位及其他场所设施，淹没人畜、毁坏土地，甚至造成村毁人亡的灾难。如1969年8月云南大盈江流域弄璋区南拱泥石流，使新章金、老章金两村被毁，97人丧生，经济损失近百万元。

二是对公路、铁路的危害。泥石流可直接埋没车站、铁路、公路，摧毁路基、桥梁等设施，还可引起正在运行的火车、汽车颠覆，造成重大的人身伤亡事故。有时泥石流汇入河道，引起河道大幅度变迁，间接毁坏公路、铁路及其他建筑物，甚至迫使道路改线，造成巨大的经济损失。如甘川公路394千米处对岸的石门沟，1978年7月暴发泥石流，堵塞百龙江，公路因此

被淹1000米，白龙江改道使长约2000米的路基变成了主河道，公路、护岸及渡槽全部被毁。该段线路自1962年以来，由于受对岸泥石流的影响已3次被迫改线。新中国成立以来，泥石流给我国铁路和公路造成了无法估计的巨大损失。

三是对水利、水电工程的危害。主要是冲毁水电站、引水渠道及过沟建筑物，淤埋水电站尾水渠，并淤积水库、磨蚀坝面等。

四是对矿山的危害。主要是摧毁矿山及其设施，淤埋矿山坑道、伤害矿山人员、造成停工停产，甚至使矿山报废。

泥石流是怎样形成的

泥石流的形成必须同时具备以下3个条件：陡峻的便于集水、集物的地形和地貌；丰富的松散物质；短时间内有大量的水资源。

地形和地貌条件。在地形上，具备山高沟深，地形陡峻，沟床纵度降大，流域形状便于水流汇集。在地貌上，泥石流的地貌一般可分为形成区、流通区和堆积区3部分。上游形成区的地形多为三面环山，一面出口的瓢状或漏斗状，地形比较开阔，周围山高坡陡、山体破碎、植被生长不良，这样的地形有利于水和碎屑物质的集中；中游流通区的地形多为狭窄陡深的峡谷，谷床纵坡降大，使泥石流能迅猛直泻；下游堆积区的地形为开阔平坦的山前平原或河谷阶地，使堆积物有堆积场所。

松散物质来源条件。泥石流常发生于地质构造复杂、断裂褶皱发育、新构造活动强烈、地震烈度较高的地区。地表岩石破碎、崩塌、错落、滑

坡等不良地质现象发育为泥石流的形成提供了丰富的固体物质来源。另外，岩层结构松散、软弱、易于风化、节理发育或软硬相间成层的地区，由于易受破坏，也能为泥石流提供丰富的碎屑物来源；一些人类工程活动，如滥伐森林造成水土流失，开山采矿、采石弃渣等，往往也为泥石流提供大量的物质来源。

水源条件。水既是泥石流的重要组成部分，又是泥石流的激发条件和搬运介质(动力来源)，泥石流的水源有暴雨、冰雪融水和水库(池)溃决水体等形式。我国泥石流的水源主要是暴雨、长时间的连续降雨等。

泥石流发生的规律

季节性。我国泥石流的暴发主要是受连续降雨、暴雨，尤其是特大暴雨集中降雨的激发。因此，泥石流发生的时间规律与集中降雨时间规律相一致，具有明显的季节性。一般发生在多雨的夏秋季节。

不可抗拒的
泥石流灾害

因集中降雨的时间差异，泥石流发生时间有所不同。四川、云南等西南地区的降雨多集中在6～9月，因而西南地区的泥石流多发生在6～9月；西北地区降雨多集中在6、7、8三个月，尤其是7、8两个月降雨集中，暴雨强度大，因此西北地区的泥石流多发生在7、8两个月。据不完全统计，发生在这两个月的泥石流灾害约占该地区全部泥石流灾害的90%以上。

周期性。泥石流的发生受暴雨、洪水、地震的影响，而暴雨、洪水、地震总是周期性地出现。因此，泥石流的发生和发展

也具有一定的周期性，且其活动周期与暴雨、洪水、地震的活动周期大体相一致。当暴雨、洪水两者的活动周期相叠加时，常常形成泥石流活动的一个高潮。如云南省东川地区在1966年是近十几年的强震期，使东川泥石流的发展加剧。仅东川铁路在1970～1981年的11年中就发生泥石流灾害250余次。又如1981年，东川达德线泥石流、成昆铁路利子伊达泥石流、宝成铁路和宝天铁路的泥石流，都是在大周期暴雨的情况下发生的。

由上可知，泥石流的发生，一般是在一次降雨的高峰期，或是在连续降雨稍后的一段时间。

泥石流的主要类型

泥石流按其物质成分可分为三类：由大量黏性土和粒径不等的砂粒、石块组成的叫泥石流；以黏性土为主，含少量砂粒、石块、黏度大、呈稠泥状的叫泥流；由水和大小不等的砂粒、石块组成的称为水石流。

泥石流按其物质状态可分为两类：一是黏性泥石流，含大量黏性土的泥石流或泥流。其特征是：黏性大，固体物质占40%～60%，最高达80%。其中的水不是搬运介质而是组成物质，稠度大，石块呈悬浮状态，暴发突然，持续时间亦短，破坏力大。二是稀性泥石流，以水为主要成分，黏性土含量少，固体物质占10%～40%，有很大分散性。水为搬运介质，石块以滚动或跃移方式前进，具有强烈的下切作用。其堆积物在堆积区呈扇状散流，停积后似"石海"。

以上分类是我国最常见的两种分类。除此之外还有多种分类方法。如按泥石流的成因分类有水川型泥石流、降雨型泥石流；按泥石流流域大小分类有大型泥石流、中型泥石流和小型泥石流；按泥石流发展阶段分类有发展期泥石流、旺盛期泥石流和衰退期泥石流等。

泥石流的分布地带

我国泥石流的分布明显受地形、地质和降水条件的控制。特别是在地形条件上表现得更为明显。

泥石流在我国集中分布在两个带上。一是青藏高原与次一级的高原与盆地之间的接触带；另一个是上述的高原、盆地与东部的低山丘陵或平原的过渡带。在上述两个带中，泥石流又集中分布在一些大断裂、深大断裂发育的河流沟谷两侧。这是我国泥石流的密度最大、活动最频繁、危害最严重的地带。在各大型构造带中，具有高频率的泥石流，又往往集中在板岩、片岩、片麻岩、混合花岗岩、千枚岩等变质岩系及泥岩、页岩、泥灰岩、煤系等软弱岩系和第四系堆积物分布区。

泥石流的分布还与大气降水、冰雪融化的显著特征密切相关。即高频率的泥石流，主要分布在气候干湿季较明显、较暖湿，局部暴雨强大、冰雪融化快的地区，如云南、四川、甘肃、西藏等，低频率的稀性泥石流主要分布在东北和南方地区。

泥石流的活动强度主要与地形地貌、地质环境和水文气象条件三个方面的因素有关。比如在崩塌、滑坡、岩堆群落地区，岩石破碎、风化程度深，则易成为泥石流固体物质的补给源；沟谷的长度较大、汇水面积大、纵向坡度较陡等因素为泥石流的流通提供了条件；水文气象因素直接提供水动力条件，往往大强度、短时间出现暴雨容易形成泥石流，其强度显然与暴雨的强度密切相关。

导致泥石流产生的因素

由于工农业生产的发展，人类对自然资源的开发程度和规模也在不断扩大。当人类从事经济活动违反自然规律时，必然引起大自然的报复，有些泥石流的发生，就是由于人类不合理的开发而造成的。

近年来，因为人为因素诱发的泥石流数量正在不断增加。可能诱发泥石流的人类工程、经济活动主要有以下几个方面：

一是不合理开挖。修建铁路、公路、水渠以及其他工程建筑的不合理开挖。有些泥石流就是在修建公路、水渠、铁路以及其他建筑活动时，破坏了山坡表面而形成的。例如，云南省东川至昆明公路的老干沟，因修公路及水渠，使山体破坏，加之1966年犀牛山地震又形成崩塌、滑坡，致使泥石流更加严重。又如香港多年来修建了许多大型工程和地面建筑，几乎每个工程都要劈山填海或填方才能获得合适的建筑场地。1972年一次暴雨，使正在实施挖掘工程的120人现场死于滑坡造成的泥石流。

二是不合理的弃土、弃渣、采石。这种行为形成的泥石流的事例很多。如四川冕宁县泸沽铁矿汉罗沟，因长期不合理堆放弃土、矿渣，1972年一场大雨导致矿山泥石流暴发，冲出松散固体物质10万多立方米，淤埋成昆铁路300米和喜西公路250米，给交通运输带来非常严重的损失。又如甘川公路西水附近，1973年冬在沿公路的沟内开采石料，1974年7月18日发生泥石流使15座桥涵淤塞。

三是滥伐乱垦。滥伐乱垦会使植被消失，山坡失去保护、土体疏松、冲沟发育，大大加重水土流失，进而山坡的稳定性被破坏，崩塌、滑坡等不良地质现象发育，结果就很容易产生泥石流。例如，甘肃白龙江中游现在是我国著名的泥石流多发区。而在一千多年前，那里竹树茂密、山清水秀，后因伐木烧炭，烧山开荒，森林被破坏，才造成泥石流泛滥。又如甘川公路石坳子沟山上大耳头，原是森林区，因毁林开荒1976年发生泥石流毁坏了下游村庄、公路，造成人民生命财产的严重损失。当地群众说："山上开亩荒，山下冲个光。"

如何预防泥石流

实践表明，有些泥石流是可以避免的。那么，我们到底应该怎样去避免泥石流对人类造成的伤害呢？具体可从以下几个方面去实施。

一是修建桥梁、涵洞时，从泥石流沟的上方跨越通过，让泥石流在其下方排泄，用以避防泥石流。这是铁道和公路交通部门为了保障交通安全常用的措施。

二是在修隧道、明洞或渡槽时，从泥石流的下方通过，让泥石流从其上方排泄。这也是铁路和公路通过泥石流地区的又一主要工程形式。

三是对泥石流易发地区的桥梁、隧道、路基及泥石流集中的山区变迁

型河流的沿河线路或其他主要工程，作一定的防护建筑物，用以抵御或消除泥石流对主体建筑物的冲刷、冲击、侧蚀和淤埋等的危害。防护建筑物主要有护坡、挡墙、顺坝和丁坝等。

四是改善泥石流流势，增大桥梁等建筑物的排泄能力，使泥石流按设计意图顺利排泄。排导工程包括导流堤、急流槽、束流堤等。

五是修建拦挡工程，用以控制泥石流的固体物质和暴雨、洪水径流，削弱泥石流的流量、下泄量和能量，以减少泥石流对下游建筑工程的冲刷、撞击和淤埋等危害的工程措施。拦挡措施包括拦渣坝、储淤场、支挡工程、截洪工程等。对于防治泥石流，常采用多种措施相结合，比用单一措施更为有效。

如何预报泥石流灾害

泥石流的预测预报工作很重要，这是防灾和减灾的重要步骤和措施。目前，我国对泥石流的预测、预报研究常采取以下方法：

在典型的泥石流沟进行定点观测和研究，力求解决泥石流的形成与运动参数问题。如对云南东川小江流域蒋家沟、大桥沟等泥石流的观测试验研究；对四川汉源县沙河泥石流的观测、研究等。

调查潜在泥石流沟的有关参数和特征；加强水文、气象的预报工作，特别是对小范围的局部暴雨的预报。因为暴雨是形成泥石流的激发因素。比如，当月降雨量超过350毫米、日降雨量超过150毫米时，就应发出泥石流警报。

建立泥石流的技术档案，特别是大型泥石流沟的流域要素、形成条件、灾害情况及整治措施等资料应逐个详细记录，并解决信息接收和传递等问题。

划分泥石流的危险区、潜在危险区或进行泥石流灾害敏感度分区；开展泥石流防灾警报器的研究及室内泥石流模型试验研究。

| # 全球突发
泥石流灾难

全球泥石流灾害损失

泥石流包含着大量泥、沙、石块，在运行过程又不断增加物质，能量远远大于洪水。

泥石流发生后，具有流速快、流量大、物质容量大和破坏力强等特点，发生泥石流常常会导致公路、铁路等交通设施毁损及人员伤害严重等巨大损失。

20世纪80年代以来，世界上发生的重大泥石流灾害造成了数千亿美元的经济损失和数十万人员伤亡。

四川大渡河南岸泥石流灾害

1981年7月9日凌晨1时30分，四川大渡河南岸利子依达沟暴发特大泥石流。泥石流体冲毁了成昆铁路尼日车站北侧跨越利子依达沟口的利子依达大桥，并在几分钟内堵塞大渡河干流，大渡河断流4小时后泥石流大坝溃决。

当日1时46分，由格里坪开往成都的422次直快列车满载着一千余名旅客，以40余千米的时速在桥位南侧奶奶包隧道口与泥石流遭遇，列车车头和前几节车厢翻入大渡河。

经事后统计，此次灾难造成300余人死亡，146人受伤，成昆铁路瘫痪372小时，直接经济损失2000余万元，是世界铁路史上迄今为止由泥石流灾害导致的最严重的列车事故。

哥伦比亚火山泥石流灾害

1985年11月，哥伦比亚鲁伊斯火山爆发，火山喷发物夹带着碎屑、火山泥石流奔腾而下，距火山50千米以外的阿美罗镇瞬间被吞没，造成2.3万人死亡，15万家畜死亡，13万人无家可归，经济损失高达50亿美元。

四川省美姑县泥石流灾害

1997年6月5日凌晨，在暴雨激发下，四川美姑县则租古滑坡复活，2100万立方米物质直接进入沟谷后转化为泥石流，形成大规模灾害。

据统计，有莫乃火、尼居巴哈、扎拉古和尼居洛呷4个村受灾。损坏房屋307间，毁耕地437公顷，损失存粮21万千克，死亡大牲畜4084头，死亡和失踪151人，直接经济损失达1529万元。

冲入沟谷的滑坡物质，一部分以泥石流方式运动，绝大部分物质堆积于沟床内，致使沟床抬高100米，并形成三个堰塞湖。而最下游的一个堰塞湖，于1997年6月8日局部溃决，再次形成泥石流，冲出松散碎屑物质20余方，给当地居民的生产和生活带来巨大困难。

委内瑞拉北部泥石流灾害

1999年12月15～16日，委内瑞拉北部阿维拉山区加勒比海沿岸的8个州连降特大暴雨，造成山体大面积滑塌，数十条沟谷同时暴发大规模的泥石流，大量房屋被冲毁，多处公路被毁，大片农田被淹。据估计，全国有33.7万人受灾，14万人无家可归，死亡人数超过3万，经济损失高达100亿美元，成为20世纪最严重的泥石流灾害。

台湾东、中部泥石流灾害

2001年7月29日晚，中度台风"桃芝"从中国台湾东部登陆后，连日带来的狂风暴雨使花莲、南投等台湾东中部县市遭受严重的山洪泥石流灾害，一时土石横流、堤坝溃决、民宅及农田遭冲毁。此次灾害全台湾共有91人死亡，133人失踪，189人受伤，造成的农业损失超过60亿元新台币。

受灾严重的花莲县光复乡大兴村惨遭灭村之灾，整个村子都被土石掩埋，村内根本看不到一间像样的房舍，一杨姓家族有10人被这次灾难夺去了生命。

菲律宾东部泥石流灾害

2006年2月17日清晨，遭受多日暴雨肆虐的菲律宾东部莱特岛圣伯纳德镇的山体豁开一道巨大缺口，泥浆裹着岩石向下倾泻形成泥石流。山脚下的重灾区吉恩萨贡村，方圆5～7千米的土地刹那间变成一个巨大泥潭，300多座房屋被埋没，村内1800多人几乎全部遇难，幸存者只有20多人。

甘南舟曲泥石流灾害

2010年8月7日夜，甘肃甘南藏族自治州舟曲县发生特大泥石流，致使1434人遇难，失踪331人。舟曲5千米长、500米宽区域被夷为平地。

舟曲县位于甘肃省东南部，是全国"5·12"特大地震的重灾县，也是全国滑坡、泥石流、地震三大地质灾害多发区。此次发生特大山洪地质灾害的三眼峪沟、罗家峪沟、硝水沟和寨子沟位于县城的北部。

8月7日晚11时左右，舟曲县城东北部山区突降特大暴雨，降雨量达97毫米，持续40多分钟，引发三眼峪、罗家峪等四条沟系特大山洪地质灾害，泥石流长约5千米，平均宽度300米，平均厚度5米，总体积750万立方米，流经区域均被夷为平地。

此次特大山洪泥石流地质灾害共造成舟曲县城区1850多间商户被掩埋或遭受水淹，总面积超过了4.7万平方米，经济损失高达2.12亿元人民币。

其中，被泥石流冲毁掩埋650间，面积1.2万平方米，经济损失3200万元人民币；被洪水淹没商铺1200间，面积3.5万平方米，经济损失高达1.8亿元人民币。

2010年重大泥石流灾害

2010年以来，世界各地因风暴、降雨等发生多起山体滑坡和泥石流灾害，其中造成至少30人以上死亡的事件包括：

1月1日，巴西里约热内卢州著名旅游岛屿格兰德岛因连降大雨引发两起山体滑坡，造成至少30人死亡。

3月1日，乌干达东部布杜达行政区遭遇大规模泥石流袭击，导致3座村庄被埋，搜救人员找到94具遇难者遗体，另有约320名村民失踪。

4月5日，巴西里约热内卢州连降暴雨并引发洪水和山体滑坡等自然灾害。截至4月9日，此次灾害已经造成212人死亡，161人受伤，另有100多人失踪。

6月15日，孟加拉国东南部科克斯巴扎尔县和班多尔班县因连降暴雨引发洪水和山体滑坡，造成至少48人死亡，数十人失踪。

6月17日，缅甸西部与孟加拉国交界处连降暴雨引发泥石流灾害，造

成至少46人死亡。

6月21日，巴西东北部遭受洪水和泥石流灾害袭击，造成至少44人死亡，1000多人失踪。

8月6日，印控克什米尔列城因暴雨引发洪水和泥石流等自然灾害，造成至少166人死亡，约400人失踪。

8月7日，巴基斯坦北部遭受暴雨袭击，引发山体滑坡和泥石流，造成至少63人死亡。

9月2~5日，持续3天的强降雨以及大雨引发的山体滑坡等灾害造成危地马拉全国至少45人死亡，近5万人受灾，财产损失估计高达3.75亿~5亿美元。

9月28~29日，由于持续降雨，墨西哥南部瓦哈卡州和恰帕斯州河水泛滥并发生多起泥石流，造成至少33人死亡。

突然降临
的雪崩灾害

不期而至的雪崩

积雪的山坡上，当积雪内部的内聚力抗拒不了它所受到的重力拉引时，便向下滑动，引起大量雪体崩塌，人们把这种自然现象称作雪崩。也有的地方把它叫作"雪塌方""雪流沙"或"推山雪"。

雪崩，每每是从宁静的、覆盖着白雪的山坡上部开始的。突然间"咔嚓"一声，勉强能听见的这种声音告

灾害名片

名称：雪崩

成因：山坡积雪内部的内聚力抗拒不了它所受到的重力拉引时向下滑动引起

类型：湿雪崩、干雪崩、雪板雪崩、松雪塌陷等

危害：移雪山、填山谷，危害登山者、当地居民的生命安全

诉人们这里的雪层断裂了。先是出现一条裂缝，接着，巨大的雪体开始滑动。雪体在向下滑动的过程中，迅速获得了速度。于是，雪崩体变成一条几乎是直泻而下的白色雪龙，呼啸着声势凌厉地向山下冲去。雪崩是一种所有雪山都会有的地表冰雪迁移过程，它们不停地从山体高处借重力作用顺山坡向山下崩塌，崩塌时速度可以达20～30米/秒，具有突然性、运动速度快、破坏力大等特点。它能摧毁大片森林，掩埋房舍、交通线路、通信设施和车辆，甚至能堵截河流，发生临时性的涨水。同时，它还能引起山体滑坡、山崩和泥石流等可怕的自然现象。因此，雪崩被人们列为积雪山区的一种严重自然灾害。

雪崩产生的危害

　　雪崩对登山者、当地居民和旅游者是一种很严重的威胁。

　　在高山探险遇到的危险中，雪崩造成的危害是最为经常、惨烈的，常常造成"全军覆没"，因雪崩遇难的人要占全部高山遇难的1/3～1/2。但是，探险者遭遇雪崩的地理位置不同，危险性也不一样。如果所遇雪崩处正是在雪崩的通过区，危险要小一些；如果被雪崩带到堆积区，生还的概率就很小了。雪崩摧毁森林和度假胜地，也会给当地的旅游经济造成非常大的影响。

雪崩造成的破坏

通常雪崩从山顶上爆发，在它向山下移动时，以极高的速度从高处呼啸而下，用巨大的力量将它所过之处扫荡干净，直到广阔的平原上它的力量才消失。

雪崩一旦发生，其势不可阻挡。这种"白色死神"的重量可达数百万吨。有些雪崩中还夹带着大量的空气，这样的雪崩流动性更大，有时甚至可以冲过峡谷，到达对面的山坡上。

比起泥石流、洪水、地震等灾难发生时的狰狞，雪崩真的可以形容为美得惊人。雪崩发生前，大地总是静悄悄的，然后随着轻轻地一声"咔嚓"，雪层断裂，白白的、层层叠叠的雪块和雪板应声而起，好像山神突然发动内力震掉了身上的一件白袍，又好像一条白色雪龙腾云驾雾，顺着山势呼啸而下，直到山势变缓。但是，美只是雪崩喜欢示人的一面，就在美的背后隐藏的却是可以摧毁一切的恐怖。领教过其威力的人更愿意称它为"白色妖魔"。的确，雪崩的冲击力量是非常惊人的。它会以极快的速度和巨大的力量卷走眼前的一切。有些雪崩会产生足以横扫一切的粉末状

摧毁性雪云。

据测算，一次高速运动的雪崩，会给每平方米的被打物体表面带来40～50吨的力量。世界上根本就没有哪种物体能经得住这样的冲击。

1981年4月12日，一块体积约一栋房子大的冰块从阿拉斯加的三佛火山顶部冰川上滑下，落在旁边的雪坡上，造成数百万吨雪迅速下滚，将沿途13千米地区全部摧毁。

据有关专家指出，该雪崩产生了长达160千米的粉末状雪云，是迄今为止纪录最为严重的一次雪崩。事实上，一旦这种时速可高达400千米、足以吞没整座城市的自然怪物开始行动，人们就只能束手待毙了。

了解雪崩的人应该知道，其实在雪崩中，比雪崩本身更可怕的是雪崩前面的气浪。由于雪崩从高处以很大的势能

向下运动，如从6000米高处向下坠落或滑落，会引起空气的剧烈振荡，故有极快的速度甚至会形成一层气浪。这种气浪有些类似于原子弹爆炸时产生的冲击波。雪流能驱赶着它前面的气浪，而这种气浪的冲击比雪流本身的打击更加危险，气浪所到之处，房屋被毁、树木消失、人会窒息而死。因此有时雪崩体本身未到而气浪已把前进路上的一切阻挡物冲得人仰马翻。

1970年的秘鲁大雪崩中，雪崩体在不到3分钟时间里飞跑了14.5千米，速度接近于90米/秒，比12级台风擅长的32.5米/秒的奔跑速度还要快得多。这次雪崩引起的气浪把地面上岩石的碎屑席卷到空中，之后竟然叮叮咚咚地下了一阵"石雨"。

雪崩产生的原因

雪崩常常发生于山地，有些雪崩是在特大雪暴中产生的，但常见的是发生在积雪堆积过厚，超过了山坡面的摩擦阻力时。

雪崩的原因之一，是在雪堆下面缓慢地形成了深部"白霜"，这是一种冰的六角形杯状晶体，与我们通常所见的冰碴相似。这种白霜的形成是因为雪粒的蒸发所造成，它们比上部的积雪要松散得多，在地面或下部积雪与上层积雪之间形成一个软弱带，当上部积雪开始顺山坡向下滑动时，这个软弱带起着

润滑的作用，不仅加速雪下滑的速度，而且还带动周围没有滑动的积雪。

人们可能察觉不到，其实在雪山上一直都进行着一种较量：重力一定要将雪向下拉，而积雪的内聚力却希望能把雪留在原地。当这种较量达到高潮的时候，哪怕是一点点外界的力量，比如动物的奔跑、滚落的石块、刮风、轻微的震动，甚至在山谷中大喊一声，只要压力超过了将雪粒凝结成团的内聚力，就足以引发一场灾难性雪崩。例如刮风。风不仅会造成雪的大量堆积，还会引起雪粒凝结，形成硬而脆的雪层，致使上面的雪层可以沿着下面的雪层滑动，发生雪崩。然而，除了山坡形态，雪崩在很大程度上还取决于人类活动。据专家估计，90%的雪崩都由受害者或者他们的队友造成，这种雪崩被称为"人为休闲雪崩"。

滑雪、徒步旅行或其他冬季运动爱好者经常会在不经意间成为雪崩的导火索。如果人被雪堆掩埋，半个小时内不能获救的话，生还希望就很渺茫了。我们经常会看到这样的报道说某某人在滑雪时遭遇雪崩，不幸遇难。但那时雪崩到底是主动伤人，还是在人的运动影响下如影随形地发生就不得而知了。

雪崩发生的规律

雪崩的发生是有规律可循的。大多数的雪崩都发生在冬天或者春天降雪非常大的时候，尤其是暴风雪爆发前后。这时的雪非常松软，黏合力比较小，一旦一小块被破坏了，剩下的部分就会像一盘散沙或是多米诺骨牌一样，产生连锁反应而飞速下滑。

春季，由于解冻周期较长，气温升高时，积雪表面融化，雪水就会一滴滴地渗透到雪层深处，让原本结实的雪变得松散起来，大大降低积雪之间的内聚力和抗断强度，使雪层之间很容易产生滑动。

雪崩的严重性取决于雪的体积、温度、山坡走向，尤其重要的是坡度。最可怕的雪崩往往产生于倾斜度为25°~50°的山坡。如果山势过于陡峭，就不会形成足够厚的积雪，而斜度过小的山坡也不太可能产生雪崩。雪崩和洪水一样也是可重复发生的现象，也就是说，如果在某地发生了雪崩，完全有可能不久后它又卷土重来。有可能每下一场雪、每一年或是每个世纪都在同一地点发生一次雪崩，这一切都取决于山坡的地形特点

和某些气候因素。雪崩发生的多少跟气候和地形也很有关系。天山中部冬季的积雪和雪崩经常阻断山区公路。

在这种地区选择合适的登山时间就比较苛刻。与此同时，在我国西部靠近内陆的昆仑山、唐古拉山、祁连山等山地，降水量比较少，没有明显的旱、雨季之分，雪崩的发生可能也就比较少，选择合适的登山时间也就比较宽裕。

另外，这些内陆山地相对高度较低，一般都在1000～1500米，故山地的坡度也比较缓和。而喜马拉雅山、喀喇昆仑山相对高度在3000～4000米，甚至达到5000～6000米，故山地坡度较陡，发生雪崩的可能性和雪崩的势能也就更大。

雪崩的发生还有空间和时间上的规律。就我国高山而言，西南边界上的高山如喜马拉雅山、念青唐古拉山以及横断山地，因主要受印度洋季风控制，除有雨季和旱季之分外，全年降水都比较丰富，高山上部得到的冬、春降雪和积雪也比较多，故易发生雪崩。此外，天山山地、阿尔泰山地，因受北冰洋极地气团的影响，冬春降水也比较多，所以这个季节雪崩也比较多。

雪崩的三个区段

雪崩的形成和发展可分为三个区段，即形成区、通过区、堆积区。

雪崩的形成区大多在高山上部，积雪多而厚的部位。高高的雪檐、坡度超过50°～60°的雪坡、悬冰川的下端等地貌部位都是雪崩的形成区；雪崩的通过区紧接在形成区的下面，常是一条从上而下直直的"U"形沟槽，由于经常有雪崩通过，尽管被白雪覆盖，槽内仍非常平滑，基本上没有大的起伏或障碍物，长可达几百米、宽20～30米或稍大一些，但不会太宽，否则滑下的冰雪就不会很集中，形成不了大的雪崩；堆积区紧接在通过区的下面，是在山脚处因坡度突然变缓而使雪崩体停下来的地方，从地貌形态上看多呈锥体，所以也叫雪崩锥或雪崩堆。

雪崩的预防与研究

对雪崩可以采取人工控制的方法加以预防。人们总结了很多经验教训后，对雪崩已经有了一些防范的手段。比如对一些危险区域发射炮弹、实施爆炸，提前引发积雪还不算多的雪崩或设专人监视并预报雪崩等。如阿尔卑斯山周边国家挪威、冰岛、日本、美国、加拿大等发达国家都在容易发生雪崩的地区成立了专门组织，设有专门的监测人员探察雪崩形成的自然规律及预防措施。个人或登山者遇上雪崩是很危险的，在雪地活动的人必须注意以下几点：

一、探险者应避免走雪崩区。实在无法避免时，应采取横穿路线，切不可顺着雪崩槽攀登。

二、在横穿时，一定要以最快的速度走过，并设专门的瞭望哨紧盯雪

崩可能的发生区，一有雪崩迹象或已发生雪崩要大声警告，以便及时采取自救措施。

三、大雪刚过或连续下几场雪后切勿上山。因为此时新下的雪或上层的积雪很不牢固，稍有扰动都足以触发雪崩。大雪之后常常伴有好天气，必须放弃好天气等待雪崩过去。

四、如必须穿越雪崩区，应在上午10时以后再穿越。因为，此时太阳已照射雪山一段时间了，若有雪崩发生的话也多在此时以前，这样也可以减少危险。

五、在天气时冷时暖、转晴或春天开始融雪时，积雪变得很不稳固，很容易发生雪崩。

六、不要在陡坡上活动。在坡度为25°～50°的斜坡上最可能发生雪崩。因为山势过于陡峭，就不会形成足够厚的积雪，而斜度过小的山坡也

不太可能产生雪崩。

　　七、高山探险时，无论是选择登山路线或营地应尽量避免背风坡。因为背风坡容易积累从迎风坡吹来的积雪，也容易发生雪崩。

　　八、行军时，如有可能应尽量走山脊线，走在山体最高处。如必须穿越斜坡地带，切勿单独行动，也不要挤在一起行动，应当一个接一个地走，后面一个出发的人应与前一个人保持一段可观察到的安全距离。

　　九、在选择行军路线或营地时，要警惕所选择的平地。因为在陡峻的高山区，雪崩堆积区最容易表现为相对平坦之地。

　　十、注意雪崩的先兆，例如冰雪破裂声或低沉的轰鸣声，雪球下滚或仰望山上见有云状的灰白尘埃。雪崩经过的道路，可依据峭壁、比较光滑的地带或极少有树的山坡断层等地形特征辨认出来。

　　十一、在高山行军和休息时，不要大声说话，以减少因空气震动而触发雪崩。行军中最好每一个队员身上系一根红布条，以备万一遭雪崩时易于被发现。

隐天蔽日的沙尘暴灾害

沙尘暴的形成原因

沙尘暴是一种风与沙相互作用的灾害性天气现象，它的形成与地球温室效应、厄尔尼诺现象、森林锐减、植被破坏、物种灭绝、气候异常等因素有着不可分割的关系。其中，人口膨胀导致的过度开发自然资源、过量砍伐森林、过度开垦土地都是沙尘暴频发的诱因。另外，有利于产生大风或强风的天气形势，有利的沙、尘源

灾害名片

名称：沙尘暴

成因：强风把地面大量沙尘物质吹起并卷入空中所致

类型：浮尘、扬沙、沙尘暴和强沙尘暴等

危害：一是风力破坏，二是刮蚀地皮，三是大气污染

分布和有利的空气不稳定条件是沙尘暴或强沙尘暴形成的主要原因。强风是沙尘暴产生的动力，沙、尘源是沙尘暴物质基础，不稳定的热力条件有利于风力加大、强对流发展，从而夹带更多的沙尘，并卷扬得更高。

除此之外，前期干旱少雨，天气变暖，气温回升，是沙尘暴形成的特殊天气气候背景；地面冷锋前对流单体发展成云团或强对流天气是有利于沙尘暴发展并加强的中小尺度系统；有利于风速加大的地形条件即狭管作用也是沙尘暴形成的有利条件之一。

土壤、黄沙主要成分是硅酸盐，当干旱少雨且气温变暖时，硅酸盐表面的硅酸失去水分，这样硅酸盐土壤胶团、砂粒表面就会带有负电荷，相互之间有了排斥作用，成为气溶胶不能凝聚在一起，从而形成扬沙即沙尘暴。沙尘暴本质上是带有负电荷的硅酸盐气溶胶。总之，沙尘暴的形成需要这三个条件：

一是地面上的沙尘物质。它是形成沙尘暴的物质基础。

二是大风。这是沙尘暴形成的动力基础，也是沙尘暴能够长距离输送的动力保证。

三是不稳定的空气状态。这是重要的局地热力条件。沙尘暴多发生于午后、傍晚说明了局地热力条件的重要性。

沙尘暴作为一种高强度风沙灾害，并不是在所有有风的地方都能发生，只有那些气候干旱、植被稀疏的地区，才有可能发生沙尘暴。

沙尘暴天气多发生在内陆沙漠地区，源地主要是撒哈拉沙漠，北美中西部和澳大利亚也是沙尘暴天气的源地之一。1933～1937年由于严重干

旱，在北美中西部就产生过著名的碗状沙尘暴。

亚洲沙尘暴活动中心主要在约旦沙漠、巴格达与海湾北部沿岸之间的下美索不达米亚、阿巴斯附近的伊朗南部海滨，稗路支到阿富汗北部的平原地带。中亚地区的哈萨克斯坦、乌兹别克斯坦及土库曼斯坦都是沙尘暴频繁影响区，但其中心在里海与咸海之间沙质平原及阿姆河一带。在我国西北地区，森林覆盖率本来就不高，西北人想靠挖甘草、搂发菜、开矿等来发财，从而导致掠夺性的破坏行为更加加剧了这一地区的沙尘暴灾害。裸露的土地很容易被大风卷起形成沙尘暴甚至强沙尘暴。

沙尘暴的巨大危害

沙尘暴的危害主要有两个：一是风，二是沙。先说风力破坏。大风破坏建筑物，吹倒或拔起树木电杆，撕毁农民塑料温室大棚和农田地膜等。此外，由于西北地区四五月正是瓜果、蔬菜、棉花等经济作物出苗、生长子叶、真叶期和果树开花期，此时最不耐风吹沙打。轻则叶片蒙尘，使光合作用减弱，且影响呼吸，降低作物的产量；重则苗死花落，那就更谈不上成熟结果了。此外，大风会刮倒电杆造成停水停电，影响工农业生产。

大风作用于干旱地区疏松的土壤时会将表土刮去一层，叫作风蚀。例如，1993 年 5 月 5 日大风平均风蚀深度 10 厘米，最多 50 厘米，也就是每亩地平

均有60～70立方米的肥沃表土被风刮走。其实，大风不仅刮走土壤中细小的黏土和有机质，而且还把带来的沙子积在土壤中，使土壤肥力大为降低。此外，大风夹沙粒还会把建筑物和作物表面磨去一层，叫作磨蚀，也是一种灾害。

沙的危害主要是沙埋。前面说过，狭管、迎风和隆起等地形下，因为风速大，风沙危害主要是风蚀，而在背风凹洼等风速较小的地形下，风沙的危害主要是沙埋了。此外更重要的是人的生命损失。人畜死亡、建筑物倒塌、农业减产。沙尘暴对人畜和建筑物的危害绝不亚于台风和龙卷风。近几年来，我国西北地区累计遭受到的沙尘暴袭击有20多次，造成经济损失12亿多元，死亡失踪人数超过200多人。

铺天盖地的
沙尘暴灾害

来去匆匆
的龙卷风灾害

什么是龙卷风

　　龙卷风是在极不稳定的天气情况下，因空气强烈对流运动而产生的一种伴随着高速旋转的漏斗状云柱的强风涡旋。其中心附近风速可达100米/秒～200米/秒，最大300米/秒，比台风中心最大风速大几倍。

　　空气绕龙卷的轴快速旋转，受龙卷中心气压极度减小的吸引，近地面几十米厚的一薄层空气内，气流被从四面八

灾害名片

名称：龙卷风

成因：水蒸气受冷体积缩小时，周围
　　　补充空间的气体不均匀所致

类型：漩涡龙卷、陆龙卷、水龙卷
　　　和火龙卷等

危害：肆掠1个小时内所释放的能量
　　　相当于8～600倍广岛原子弹

方吸入涡旋的底部，并随即变为绕轴心向上的涡流。龙卷风具有很大的吸吮作用，它可把海水吸离海面，形成水柱，然后同云相接，俗称"龙取水"。

龙卷风上部是一块乌黑或浓灰的积雨云，下部是下垂着的形如大象鼻子的漏斗状云柱，由于龙卷风内部空气极为稀薄，导致温度急剧降低，促使水汽迅速凝结，这也是形成漏斗云柱的重要原因。

龙卷风常发生于夏季的雷雨天气，尤以下午至傍晚最为多见。袭击范围小，龙卷风的直径一般在十几米至数百米之间。

龙卷风的生存时间一般只有几分钟，最长也不超过数小时。风力特别大，破坏力极强，龙卷风经过的地方，常会发生拔起大树、掀翻车辆、摧毁建筑物等现象，有时把人吸走，危害十分严重。

龙卷风的特点

龙卷风发生在水面，则称为水龙卷；如发生在陆地上，则称为陆龙卷。龙卷风外貌奇特，它上部是一块乌黑或浓灰的积雨云，下部是下垂着

破坏力巨大
的龙卷风

的漏斗状云柱，具有"小、快、猛、短"的特点。

水龙卷的直径不超过100～1000米。其风速到底有多大，科学家还没有直接用仪器测量过，据推算，风速一般为50～100米/秒，有时可达300米/秒，超过声速。

所以龙卷风所到之处便摧毁一切，它像巨大的吸尘器，经过地面，地面的一切都要被它卷走；经地水库、河流常常卷起冲天水柱，连水库、河流的底部有时都暴露出来。

同时，龙卷风又是短命的，往往只有几分钟或几十分钟，最多几小时。一般移动超过10千米左右便"寿终正寝"了。

龙卷风形成之谜

龙卷风的形成一般都与局部地区受热引起上下强对流有关，但强对流未必产生真空抽水泵效应似的龙卷风。

苏联学者维克托·库申曾经提出了龙卷风的内引力，即热过程的成因新理论：当大气变成像"有层的烤饼"时，里面很快形成暴雨云，与此同时，附近区域的气流迅速下降，形成了巨大的旋涡。

在旋涡里，湿润的气流沿着螺旋线向上飞速移动，内部形成一个稀薄的空间，空气在里面迅速变冷，水蒸气冷凝，这就是为什么人们观察到龙卷风像雾气沉沉的云柱的原因。

但问题是，在某些地区的冬季

或夜间，没有强对流或暴雨云时，龙卷风却也是每每发生。这就不能不使人深感事情的复杂了。龙卷风还有一些古怪行为使人难以捉摸：它席卷城镇，捣毁房屋，把碗橱从一个地方刮到另一个地方，却没有打碎碗橱里面的一个碗；被它吓呆的人们常常被它抬向高空，然后又被它平平安安地送回地上；大气旋风在它经过的路线上，总是准确地把房屋的房顶刮到两三百米以外，然后抛到地上，然而房内的一切却保存得完好无损；有时它只拔去一只鸡一侧的毛，而另一侧却一毛不拔；它将百年古松吹倒并捻成纽带状，而近旁的小杨树连一根枝条都未受到折损。

龙卷风的危害

每个陆地国家都出现过龙卷风，其中美国是发生龙卷风最多的国家。加拿大、墨西哥、英国、意大利、澳大利亚、新西兰、日本和印度等国发生龙卷风的机会也很多。我国龙卷风主要发生在华南和华东地区，它还经常出现在南海的西沙群岛上。

一些气象学家计算发现，龙卷风在肆虐的一个小时内所释放的能量区间值相当于8~600倍广岛原子弹，这种能量就不可避免地会给受害地区造成难以估量的损害。

强龙卷风对建筑的破坏是相当严重的，甚至是具有毁灭性的。在龙卷风的袭击下，房子屋顶会像滑翔翼般

飞起来。一旦屋顶被卷走后，房子的其他部分也会跟着崩解。弱小的人类若被袭击，则会如断线的风筝一样，非死即伤。

美国是世界上遭受龙卷风侵袭次数最多的国家，平均每年遭受10万个雷暴、1200个龙卷风的袭击，50人因此死亡。在美国中西部和南部的广阔区域又以"龙卷风道"最为著名。

1999年5月27日，美国得克萨斯州中部，包括首府奥斯汀在内的4个县遭受特大龙卷风袭击，造成至少32人死亡，数十人受伤。在离奥斯汀市北部114千米的贾雷尔镇，有50多所房屋倒塌，有30多人在龙卷风丧生。遭到破坏的地区长达1600米、宽180多米。

2012年3月2日，美国南部亚拉巴马州与田纳西州遭遇龙卷风袭击，当天至少两个龙卷风袭击了该州东北部地区。这两个龙卷风在当地时间上午9~9时30分左右分别袭击了亨茨维尔，间隔大约10分钟。在亚拉巴马州，龙卷风损坏了不少房屋、刮到不少树木，已经造成至少4人受伤。在距离亨茨维尔大约16千米处的卡普肖，亚拉巴马州立莱姆斯通监狱也在龙卷风袭击中受损。

除了亚拉巴马州，田纳西州查塔努加地区也遭到龙卷风袭击，造成超过20人受伤。当地政府也确认有多间房屋受损。

　　2012年2月28日，龙卷风导致堪萨斯、密苏里、伊利诺伊和田纳西州等地，13人死亡。

　　2013年5月20日，美国中部俄克拉荷马州首府俄克拉荷马市郊区穆尔当地时间下午遭遇强劲龙卷风袭击，造成至少91人死亡、233人受伤。该地区的一间小学被夷为平地，有24名孩子被困废墟中。

　　2013年11月19日，美国中西部地区遭遇罕见破坏性风暴袭击，短短24个小时内就有81个龙卷风压境，多达12个州遭受重创，至少8人在这场浩劫中罹难，1亿人生活受到影响，经济损失超过10亿美元。

　　来去匆匆的龙卷风平均每年使数万人丧生。全球每年平均发生龙卷风上千次，其中美国出现的次数占一半以上。为此，探索龙卷风之谜，做好预报和预测工作，是人类保卫自己、战胜自然灾害的重要工作。

摧枯拉朽
的台风灾害

台风的形成

台风和飓风都是产生于热带洋面上的一种强烈的热带气旋，只是发生地点不同，叫法不同，在北太平洋西部、国际日期变更线以西，包括南中国海范围内发生的热带气旋称为台风；而在大西洋或北太平洋东部的热带气旋则称飓风，也就是说在美国一带称飓风，在菲律宾、中国、日本一带叫台风。

台风经过时常伴随着大风和暴雨天气。风向呈逆时针方向旋转。等压线和等温线近似为一组同心圆，中心气压最低而气温最高。

从台风结构看到，如此巨大的庞然大物，其产生必须具备特有的条件：

一要有广阔高温、高湿的大气。热带洋面上底层大气的温度和湿度主要决定于海面水温，台风只能形成于海温高于26℃～27℃的暖洋面上，而且在60米深度内的海水水温都要高于26℃～27℃。

二要有低层大气向中心辐合、高层向外扩散的初始扰动。而且高层辐散必须超过低层辐合，才能维持足够的上升气流，低层扰动才能不断加强。

三是垂直方向风速不能相差太大，上下层空气相对运动很小，才能使初始扰动中水汽凝结所释放的潜热能集中保存在台风眼区的空气柱中，形成并加强台风暖中心结构。

四要有足够大的地转偏向力作用，地球自转作用有利于气旋性涡旋的生成。地转偏向力在赤道附近接近于零，向南北两极增大，台风发生在大约离赤道5个纬度以上的洋面。

台风的灾害

台风是一种破坏力很强的灾害性天气系统，它的危害性主要包括以下三个方面：

一是带来大风危害。台风中心附近最大风力一般为8级以

灾害名片

名称：台风

成因：中心持续风速在12～13级的热带气旋即形成台风

类型：热带低压、热带风暴、强热带风暴、台风、强台风和超强台风

危害：主要由强风、暴雨和风暴潮引起，有极强的破坏力

上，这种风力会给侵袭地带来极大的灾害。

二是暴雨灾害。台风是最强的暴雨天气系统之一，在台风经过的地区，一般能产生150～300毫米降雨，少数台风能产生1000毫米以上的特大暴雨。1975年，第三号台风在淮河上游产生的特大暴雨，创造了我国大陆地区暴雨极值，形成了河南"75·8"特大洪水。

三是风暴潮灾害。一般台风能使沿岸海水产生增水，江苏省沿海最大增水可达3米。"9608"和"9711"号台风增水，曾使江苏沿江沿海出现超历史的高潮位。

台风过境时常常带来狂风暴雨的天气，引起海面巨浪，严重威胁航海安全。台风登陆后带来的风暴增水可能摧毁庄稼、各种建筑设施等，造成人民生命财产的巨大损失。

台风的分级

超强台风：底层中心附近最大平均风速≥51.0米/秒，即16级或以上。

强台风：底层中心附近最大平均风速41.5～50.9米/秒，即14～15级。

台风：底层中心附近最大平均风速32.7～41.4米/秒，即12～13级。

强热带风暴：底层中心附近最大平均风速24.5～32.6米/秒，即风力10～11级。

热带风暴：底层中心附近的最大平均风速17.2～24.4米/秒，即风力8～9级。

　　热带低压：底层中心附近最大平均风速10.8～17.1米/秒，即风力为6～7级。

台风的路径

　　台风移动的方向和速度取决于台风的动力。动力分内力和外力两种。

　　内力是台风范围内因南北纬度差距所造成的地转偏向力差异引起的向北和向西的合力，台风范围越大，风速越强，内力越大。外力是台风外围环境流场对台风涡旋的作用力，即北半球副热带高压南侧基本气流东风带的引导力。内力主要在台风初生成时起作用，外力则是操纵台风移动的主导作用力，因而台风基本上自东向西移动。

　　由于副高的形状、位置、强度变化以及其他因素的影响，致使台风移动路径并非规律一致而变得多种多样。以北太平洋西部地区台风移动路径为例，其移动路径大体有三条。

　　一是西进型台风：自菲律宾以东一直向西移动，经过南海，最后在我国海南岛或越南北部地区登陆，这种路线多发生在10～11月，2006年我国发生的台风就是典型的例子。

摧枯拉朽的
台风灾害

　　二是登陆型台风：由海面向西北方向移动，穿过台湾海峡，在我国广东、福建、浙江沿海登陆，并逐渐减弱为低气压。这类台风对我国的影响最大。近年来对江苏影响最大的"9015"和"9711"号两次台风，都属此类型，7～8月基本都是此类路径。

　　三是抛物线型台风：先向西北方向移动，当接近中国东部沿海地区时，不登陆而转向东北，向日本附近转去，路径呈抛物线形状，这种路径多发生在5～6月和9～11月台风形成后，一般会移出源地并经过发展、减弱和消亡的演变过程。

　　一个发展成熟的台风，圆形涡旋半径一般为500～1000千米，高度可达15～20千米，台风由外围区、最大风速区和台风眼三部分组成。外围区的风速从外向内增加，有螺旋状云带和阵性降水；最强烈的降水产生在最大风速区，平均宽度为8～19千米，它与台风眼之间有环形云墙；台风眼位于台风中心区，最常见的台风眼呈圆形或椭圆形状，直径10～70千米不等，平均约45千米，台风眼的天气表现为无风、少云和干暖。

台风的命名

　　人们对台风的命名始于20世纪初，据说首次给台风命名的是20世纪早期的一个澳大利亚预报员，他把热带气旋取名为他不喜欢的政治人物，借此气象员就可以公开地戏称他。

　　在西北太平洋，正式以人名为台风命名始于1945年，开始时只用女人名，以后据说因受到女权主义者的反对，从1979年开始，用一个男人名和一个女人名交替使用。

　　直到1997年11月25日~12月1日，在香港举行的世界气象组织台风委员会第三十次会议决定，西北太平洋和南海的热带气旋采用具有亚洲风格的名字命名，并决定从2000年1月1日起开始使用新的命名方法。

　　新的命名方法是事先制定的一个命名表，然后按顺序年复一年地循环重复使用。命名表共有140个名字，分别由世界气象组织台风委员会所属的亚太地区的柬埔寨、中国、朝鲜、日本、老挝、马来西亚、密克罗尼西

亚、菲律宾、韩国、泰国、美国、越南以及中国香港和澳门14个成员方和地区提供，每个国家或地区提供10个名字。

这140个名字分成10组，每组的14个名字，按每个成员国英文名称的字母顺序依次排列，按顺序循环使用。同时，保留原有热带气旋的编号。

具体而言，每个名字不超过9个字母，容易发音，在各成员语言中没有不好的意义，不是商业机构的名字，不会给各成员带来任何困难，选取的名字会得到全体成员的认可，如有任何一成员反对，这个名称就不能用作台风命名。

台风的利弊

台风除了给登陆地区带来暴风雨等严重灾害外，也有一定的好处。据统计，包括我国在内的东南亚各国和美国，台风降雨量约占这些地区总降雨量的1/4以上，因此如果没有台风这些国家的农业困境不敢想象；此外，台风对于调剂地球热量、维持热平衡更是功不可没。众所周知，热带地区由于接收的太阳辐射热量最多，因此气候也最为炎热，而寒带地区正好相反。由于台风的活动，热带地区的热量被驱散到高纬度地区，从而使寒带地区的热量得到补偿，如果没有台风就会造成热带地区气候越来越炎热，而寒带地区越来越寒冷，自然地球上温带也就不复存在了，众多的植物和动物也

会因难以适应而将出现灭绝，那将是一种非常可怕的境况。

台风的防治

加强台风的监测和预报是减轻台风灾害的重要的措施。对台风的探测主要是利用气象卫星。在卫星云图上，能清晰地看见台风的存在和大小。

利用气象卫星资料，可以确定台风中心的位置，估计台风强度，监测台风移动方向和速度以及狂风暴雨出现的地区等，对防止和减轻台风灾害起着关键作用。

当台风到达近海时，还可用雷达监测台风动向。

还有气象台的预报员，根据所得到的各种资料，分析台风的动向，登陆的地点和时间，及时发布台风预报、台风警报或紧急警报，通过电视、广播等媒介为公众服务，同时为各级政府提供决策依据。发布台风预报或紧报是减轻台风灾害的重要措施。

| # 从天而降
的冰雹灾害

冰雹的形成

冰雹俗称雹子，夏季或春夏之交最为常见，它是一些小如绿豆、黄豆，大似栗子、鸡蛋的冰粒，特大的冰雹比柚子还大。我国除广东、湖南、湖北、福建、江西等省冰雹较少外，各地每年都会受到不同程度的雹灾。尤其是北方的山区及丘陵地区，地形复杂，天气多变，冰雹多，受害重。冰雹对农业危害很大，猛烈的冰雹打毁庄稼，损坏房屋，砸伤人、打死牲畜的情况也常常发生。因此，雹灾是我国的严重灾害之一。

冰雹和雨、雪一样都是从云里掉下来的。不过下冰雹的云是一种发展

十分强盛的积雨云，而且只有发展特别旺盛的积雨云才可能降冰雹。积雨云和各种云一样都是由地面附近空气上升凝结形成的。空气从地面上升，在上升过程中气压降低，体积膨胀，如果上升空气与周围没有热量交换，由于膨胀消耗能量，空气温度就要降低，这种温度变化称为绝热冷却。

根据计算，在大气中空气每上升100米，因绝热变化会使温度降低1℃左右。我们知道，在一定温度下，空气中容纳水汽有一个限度，达到这个限度就称为"饱和"。温度降低后，空气中可能容纳的水汽量就要降低。

灾害名片

名称：冰雹

成因：水汽随气流上升遇冷凝
　　　成水滴，零摄氏度以下成雹

分类：轻雹、中雹、重雹

危害：对农业、建筑、通信、
　　　电力、交通造成危害

因此，原来没有饱和的空气在上升运动中由于绝热冷却可能达到饱和，空气达到饱和之后过剩的水汽便附着在飘浮于空中的凝结核上，形成水滴。当温度<0℃时，过剩的水汽便会凝华成细小的冰晶。这些水滴和冰晶聚集在一起，飘浮于空中便成了云。

大气中有各种不同形式的空气运动，形成了不同形态的云。因对流运动而形成的云有淡积云、浓积云和积雨云等，人们把它们统称为积状云。

它们都是一块块孤立向上发展的云块，因为在对流运动中有上升运动和下沉运动，往往在上升气流区形成云块，而在下沉气流区就成了云的间隙，有时可见蓝天。积状云因对流强弱不同出一辙形成各种不同云状，它们的云体大小悬殊。淡积云呈孤立分散的小云块，底部较平，顶部呈圆弧形凸起，像小土包，云体的垂直厚度小于水平宽度。它是空气对流运动不很强时形成的积云。如果云内对流运动很弱，上升气流达不到凝结高度，就不会形成云，只有干对流。如果对流较强，可以发展成浓积云，浓积云的顶部像椰菜，由许多轮廓清晰的凸起云泡构成，云厚可以达4~5千米。如果对流运动很猛烈，就可以形成积雨云，云底黑沉沉，云顶发展很高，可达10千米左右，这时云顶边缘变得模糊起来，云顶还常扩展开来形成砧状。

一般积雨云可能产生雷阵雨，而只有发展特别强盛的积雨云，云体十

分高大，云中有强烈的上升气体，且云内有充沛的水分才会产生冰雹，这种云通常也称为冰雹云。

冰雹云是由水滴、冰晶和雪花组成的。一般为三层：最下面一层温度在0℃以上，由水滴组成；中间温度为0～20℃，由过冷却水滴、冰晶和雪花组成；最上面一层温度在-20℃以下，基本上由冰晶和雪花组成。

在冰雹云中气流是很强盛的，通常在云的前进方向有一股十分强大的上升气流从云底进入，从云的上部流出；还有一股下沉气流从云后方中层流入，从云底流出。这里也就是通常出现冰雹的降水区。这两股有组织上升与下沉气流与环境气流连通，所以一般强雹云中气流结构比较持续。强烈的上升气流不仅给雹云输送了充分的水汽，并且支撑冰雹粒子停留在云中，使它长到相当大才降落下来。在冰雹云中冰雹又是怎样长成的呢？

在冰雹云中强烈的上升气流携带着许多大大小小的水滴和冰晶运动着，其中有一些水滴和冰晶并合冻结成较大的冰粒，这些粒子和过冷水滴被上升气流输送到含水量累积区，就可以成为冰雹核心，这些冰雹初始生长的核心在含水量累积区有着良好生长条件。雹核在上升气流携带下进入生长区后，在水量多、温度不太低的区域与过冷水滴碰并，长成一层透明的冰层，再向上进入水量较少的低温区，这里主要由冰晶、雪花和少量过冷水滴组成，雹核与它们黏合并冻结就形成一个不透明的冰层。

经过前一阶段，冰雹这时已长大，而那里的上升气流较弱，当它支托不住增长大了的冰雹时，冰雹便在上升气流里下落，在下落中不断地并合冰晶、雪花和水滴而继续生长，当它落到较高温度区时，碰并上去的过冷水滴便形成一个透明的冰层。此时如果落到另一股更强的上升气流区，那么冰雹又将再次上升，重复上述的生长过程。这样冰雹就一层透明一层不透明地增长，由于各次生长的时间、含水量和其他条件的差异，所以各层厚薄及其他特点也各有不同。最后，当上升气流支撑不住冰雹时，它就从云中落下来，成为我们所看到的冰雹了。

冰雹的危害

　　冰雹灾害是由强对流天气系统引起的一种剧烈的气象灾害，虽然它出现的范围小、时间短，但来势猛、强度大，并常常伴随着狂风、强降水、急剧降温等阵发性灾害性天气过程。我国是冰雹频繁发生的国家，冰雹每年都给农业、建筑、通信、电力、交通以及人民生命财产带来巨大损失。据有关资料统计，我国每年因冰雹所造成的经济损失达几亿元，甚至几十亿元。

冰雹的防治

冰雹的防治可以采取以下几种措施：

一是预报。20世纪80年代以来，随着天气雷达、卫星云图接收、计算机和通信传输等先进设备在气象业务中大量使用，大大提高了对冰雹活动的跟踪监测能力。当地气象台发现冰雹天气，应立即向可能影响的气象台、气象站通报。各级气象部门将现代化的气象科学技术与长期积累的预报经验相结合，综合预报冰雹的发生、发展、强度、范围及危害，使预报准确率不断提高。

二是防治。当前常用的方法包括：用火箭、高炮或飞机直接把碘化银、碘化铅、干冰等催化剂送到云里去；在地面上把碘化银、碘化铅、干冰等催化剂在积雨云形成以前送到自由大气里，让这些物质在雹云里起雹胚作用，使雹胚增多，冰雹变小；在地面上向雹云放火箭打高炮，或在飞机上对雹云放火箭、投炸弹，以破坏对雹云的水分输送；用火箭、高炮向暖云部分撒凝结核，使云形成降水，以减少云中的水分；在冷云部分撒冰核，以抑制雹胚增长。

三是采取多种防雹措施。常用方法包括：在多雹地带种植牧草和树木，增加森林面积，改善地貌环境，破坏雹云条件，达到减少雹灾目的；增种抗雹和恢复能力强的农作物；成熟的作物及时抢收，不留在地里；在多雹灾地区的降雹季节，农民下地应随身携带防雹工具如竹篮、柳条筐等，以减少人身伤亡。

令人生畏
的雷电灾害

雷电的形成

雷电是伴有闪电和雷鸣的一种雄伟壮观而又有点令人生畏的放电现象。雷电一般产生于对流发展旺盛的积雨云中，因此常伴有强烈的阵风和暴雨，有时还伴有冰雹和龙卷风。

雷电过程中，积雨云随着温度和气流的变化会不停地运动，运动中摩擦生电，就形成了带电荷的

灾害名片

名称：雷电

成因：空气在对流过程中产生电荷，不同电荷相互摩擦碰撞产生的一种现象

分类：片状闪电、线状闪电、链形闪电和球形闪电

危害：人员伤亡、通信设备损坏、森林火灾等

云层，某些云层带有正电荷，另一些云层带有负电荷。另外，由于静电感应常使云层下面的建筑物、树木等带有异性电荷。随着电荷的积累，雷云的电压逐渐升高，当带有不同电荷的雷云与大地凸出物相互接近到一定程度时，其间的电场超过25～30千伏／厘米，将发生激烈的放电，同时出现强烈的闪光。

由于放电时温度高达2000℃，空气受热急剧膨胀，随之发生爆炸的轰鸣声，这就是闪电与雷鸣。雷电的大小和多少以及活动情况，与各个地区的地形、气象条件及所处的纬度有关。一般山地雷电比平原多，建筑越高，遭雷击的机会越多。

雷电的危害

雷电因其强大的电流、炽热的高温、强烈的电磁辐射以及猛烈的冲击波等物理效应能够在瞬间产生巨大的破坏作用，造成雷电灾害。

长期以来，雷电灾害带来了严重的人员伤亡和经济损失，给很多家庭和受害者带来不可挽回的伤害和损失。多年雷电灾害统计表明，我国每年有上千人遭雷击伤亡，广东和云南损失最为惨重。

雷电灾害具有较大的社会影响，经常引起社会的震动和关注。例如，2004年6月26日，浙江台州临海市杜桥镇杜前村有30人在5棵大树下避雨时遭雷击，造成17人死、13人伤；而2007年5月23日，重庆市开县义和镇兴业村小学教室遭遇雷电袭击，造成学生7人死亡、44人受伤。

闪电的受害者有2/3以上是在户外受到袭击。他们每3个人中有两个幸存。在闪电击死的人中，85%是男性，年龄大都在10~35岁之间。死者以在树下避雷雨的最多。

苏利文也许是遭闪电袭击的冠军。他是退休的森林管理员，曾被闪电击中7次。闪电曾经烫焦他的眉毛，烧着他的头发，灼伤他的肩膀，扯走他的鞋子，甚至把他抛到汽车外面。他轻描淡写地说："闪电总是有办法找到我。"

雷电灾害还可能导致建筑物、供配电系统、通信设备、民用电器的损坏，引起森林火灾，仓储、炼油厂、油田等燃烧甚至爆炸，造成重大的经济损失和不良的社会影响。

　　雷击有极大的破坏力，其破坏作用是综合的，包括电性质、热性质和机械性质的破坏。目前，各行各业对计算机信息系统的依赖程度越来越高，高科技、国防军工、国民经济建设等重要数据信息的安全都依赖于计算机系统工作的可靠性。但是雷电电磁辐射对计算机系统及其数据存储所产生的干扰、破坏有致命的危害，对计算机系统的稳定性、可靠性和安全性形成威胁。如某数据中心因一次雷灾，集全体技术人员历时3年的研究成果和宝贵数据化为乌有。

闪电的类型

　　闪电过程是很复杂的。当雷雨云移到某处时，云的中下部是强大的负电荷中心，云底相对的大地或海洋变成正电荷中心，在云底与地面间形成强大电场。在电荷越积越多，电场越来越强的情况下，云底首先出现大气被强烈电离的一段气柱，这种电离气柱逐级向地面延伸，在离地面5～50米时，地面便突然向上回击，发出光亮无比的光柱。

　　一次闪电过程历时约0.25秒，在如此短时间内，窄狭的闪电通道上要释放巨大的电能，因而形成强烈的爆炸，产生冲击波，然后形成声波向四周传开，这就是雷声或所谓的"打雷"。

　　闪电依据其形状可分为如下几类：曲折分叉的普通闪电称为枝状闪电；

枝状闪电的通道如被风吹向两边，以至看来有几条平行的闪电时，则称为带状闪电；闪电的两支如果看来同时到达地面，则称为叉状闪电。闪电在云中阴阳电荷之间闪烁，而使全地区的天空一片光亮时，那便称为片状闪电；未达到地面的闪电，也就是同一云层之中或两个云层之间的闪电，则称为云间闪电。有时候这种横行的闪电会行走一段距离，在风暴的许多千米外降落地面，这就叫作"晴天霹雳"。

闪电的电力作用有时会在又高又尖的物体周围形成一道光环似的红光。通常在暴风雨中的海上，船只的桅杆周围可以看见一道火红的光，人们便借用海员守护神的名字，把这种闪电称为"圣艾尔摩之火"。

超级闪电指的是那些威力比普通闪电大100多倍的稀有闪电。普通闪电产生的电力约为10亿瓦特，而超级闪电产生的电力则至少有1000亿瓦特，甚至可能达到1万亿~10万亿瓦特。纽芬兰的钟岛在1978年显然曾受到一次超级闪电的袭击，连13千米以外的房屋也被震得咯咯响，整个乡村的门窗都喷出蓝色火焰。

袭击的时间

就在你阅读这篇文章的时候，世界各地大约正有1800个雷电交作在进行中。它们每秒钟约发出600次闪电，其中有100次袭击地球。闪电可将空气中的一部分氮变成氮化合物，借雨水冲下地面。一年当中，地球上每一亩土地都可获得几千克这种从高空来的免费肥料。

乌干达首都坎帕拉和印尼的爪哇岛是最易受到闪电袭击的地方。据统计，爪哇岛有一年竟有300天发生闪电。而历史上最猛烈的闪电，则是1975年袭击津巴布韦乡村乌姆塔里附近一幢小屋的那一次，当时因闪电袭击死了21个人。

如何预防雷电

一般来讲，缺少避雷设备或避雷设备不合格的高大建筑物、储罐，没有良好接地的金属屋顶，潮湿或空旷地区的建筑物、树本，建筑物上有无线电而又没有避雷器以及没有良好接地的地方都是容易被雷击到的部位。

那么，我们又该如何防止雷击呢？

一、在建筑物上装设避雷装置。即利用避雷装置将雷电流引入大地而消失。

二、在雷雨降临的时候，人不要靠近高压变电室、高压电线和孤立的高楼、烟囱、电杆、旗杆等，更不要站在空旷的高地上或在大树下躲雨。

三、不能用有金属立柱的雨伞。在郊区或露天操作时，不要使用金属工具，如铁撬棒等。

四、不要穿潮湿的衣服靠近或站在露天金属商品的货垛上。

五、雷雨天气时，在高山顶上不要开手机，更不要打手机。

六、雷雨天气时，不要触摸和接近避雷装置的接地导线。

七、雷雨天气时，在室内应离开照明线、电话线、电视线等线路，以防雷电侵入被其伤害。

八、在打雷下雨时，严禁在山顶或者高丘地带停留，更要切忌继续登往高处观赏雨景，不能在大树下、电线杆附近躲避，也不要行走或站立在空旷的田野里，应尽快躲在低洼处，或尽可能找房层或干燥的洞穴躲避。

九、当遇到雷雨天气时，不要用金属柄雨伞，还应当摘下金属架眼镜、手表、裤带等，若是骑车旅游要尽快离开自行车，亦应远离其他金属物体，以免产生导电而被雷电击中。

十、在雷雨天气，不要去江、

河、湖边游泳、划船、垂钓等。

十一、在电闪雷鸣、风雨交加之时，若旅游者在旅店休息，应立即关掉室内的电视机、收录机、音响、空调机等电器，以免产生导电。打雷时，在房间的正中央较为安全，切忌停留在电灯正下面，忌依靠在柱子、墙壁边、门窗边，以避免在打雷时产生感应电而致意外。

如果不幸遭到雷电击中，应立即将病人送往医院。如果当时病人呼吸、心跳已经停止，应立即就地口对口做人工呼吸和胸外心脏按压，积极进行现场抢救。千万不可因急着运送去医院而不作抢救，否则会贻误时机而致病人死亡。有时候，还应在送往医院的途中继续进行人工呼吸和胸外心脏按压。

此外，要注意给病人保温。若有狂躁不安、痉挛抽搐等精神神志症状时，还要为其作头部冷敷。对电灼伤的局部，在急救条件下，只需保持干燥或包扎即可。

污染空气的雾霾灾害

雾霾天气的定义

雾霾，是雾和霾的统称。雾和霾的区别十分大。霾的意思是雾霾空气中的灰尘、硫酸、硝酸等非水成物组成的气溶胶系统造成视觉障碍的叫霾。当水汽凝结加剧、空气湿度增大时，霾就会转化为雾。霾与雾的区别在于发生霾时相对湿度不大，而雾中的相对湿度是饱和的。

灾害名片

名称：雾霾

成因：工业废气、汽车尾气
　　　建筑尘埃超标排放

组成：灰尘、硫酸、硝酸、
　　　有机碳氢化合物等

危害：人体健康

　　雾霾天气是一种大气污染状态，雾霾是对大气中各种悬浮颗粒物含量超标的笼统表述，尤其是$PM_{2.5}$（粒径＜2.5微米的颗粒物）被认为是造成雾霾天气的"元凶"。雾霾的源头多种多样，比如汽车尾气、工业排放、建筑扬尘、垃圾焚烧，甚至火山喷发等等，雾霾天气通常是多种污染源混合作用形成的。但各地区的雾霾天气中，不同污染源的作用程度各有差异。

　　一般来说，能见度少于10千米的就属于雾霾现象，少于5～8千米属于中度雾霾现象，少于3～5千米属于重度雾霾现象，少于3千米则是严重的雾霾现象。

雾和雾霾的区别

　　雾是气溶胶系统，是由大量悬浮在近地面空气中的微小水滴或冰晶组成的、能见度降低至1000米以内的自然现象。

　　一般来讲，雾和霾的区别主要在于水分含量的大小：水分含量达到90%以上的叫雾；水分含量低于80%的叫霾；80%～90%之间的，是雾和霾的混合物，但主要成分是霾。

　　就能见度来区分：如果目标物的水平能见度降低到1千米以内，就

笼罩城市的
雾霾灾害

是雾；水平能见度在1～10千米的，称为轻雾或霭；水平能见度少于10千米，且是灰尘颗粒造成的，就是霾或雾霾。

另外，霾和雾还有一些肉眼看得见的"不一样"：雾的厚度只有几十米至两百米，霾则有1～3千米；雾的颜色是乳白色、青白色，霾则是黄色、橙灰色；雾的边界很清晰，过了"雾区"可能就是晴空万里，但是霾则与周围环境边界不明显。

雾霾的组成

雾霾的形成是不利于污染物扩散的气象条件造成的，一旦污染物在长期处于静态的气象条件下积聚，就容易形成雾霾天气。

第一，二氧化硫、氮氧化物和可吸入颗粒物这三项是雾霾主要成分，前两者为气态污染物，最后一项颗粒物才是加重雾霾天气污染的罪魁祸

首，它们与雾气结合在一起，让天空瞬间变得阴沉灰暗。颗粒物的英文缩写为PM，北京监测的是细颗粒物（$PM_{2.5}$），也就是直径≤2.5微米的污染物颗粒。这种颗粒本身既是一种污染物，又是重金属、多环芳烃等有毒物质的载体。

第二，城市有毒颗粒物来源首先是汽车尾气。使用柴油的车子是排放细颗粒物的"重犯"。使用汽油的小型车虽然排放的是气态污染物，如氮氧化物等，但碰上雾天，也很容易转化为二次颗粒污染物，加重霾。

雾是由大量悬浮在近地面空气中的微小水滴或冰晶组成的气溶胶系统，多出现于秋冬季节，这也是2013年全国大面积雾霾天气的原因之一，雾是近地面层空气中水汽凝结（或凝华）的产物。雾的存在会降低空气透明度，使能见度恶化，如果目标物的水平能见度降低到1000米以内，就将悬浮在近地面空气中的水汽凝结（或凝华）物的天气现象称为雾；而将目标物的水平能见度在1~10千米的这种现象称为轻雾或霭。形成雾时大气湿度应该是饱和的（如有大量凝结核存在时，相对湿度不一定达到100%就可能出现饱和）。由于液态水或冰晶组成的雾散射的光与波长关系不大，因而雾看起来呈乳白色、青白色和灰色。

雾霾的危害

一是影响身体健康。雾霾的组成成分非常复杂，包括数百种大气颗粒物。其中有害人类健康的主要是直径<10微米的气溶胶粒子，如矿物颗粒物、海盐、硫酸盐、硝酸盐、有机气溶胶粒子等，它能直接进入并黏附在

人体上下呼吸道和肺叶中。

由于雾霾中的大气气溶胶大部分均可被人体呼吸道吸入，尤其是亚微米粒子会分别沉积于上、下呼吸道和肺泡中，引起鼻炎、支气管炎等病症，长期处于这种环境还会诱发肺癌。

此外，由于太阳中的紫外线是人体合成维生素D的唯一途径，紫外线辐射的减弱直接导致小儿佝偻病高发。另外，紫外线是自然界杀灭大气微生物如细菌、病毒等的主要武器，雾霾天气导致近地层紫外线的减弱，易使空气中的传染性病菌的活性增强，传染病增多。

二是影响心理健康。雾霾天气容易让人产生悲观情绪，如不及时调节，很容易失控。

三是影响交通安全。出现雾霾天气时，室外能见度低，污染持续，交通阻塞，事故频发。

四是影响区域气候。使区域极端气候事件频繁，气象灾害连连。更让人担忧的是，雾霾还加快了城市遭受光化学烟雾污染的提前到来。

光化学烟雾是一种淡蓝色的烟雾，汽车尾气和工厂废气里含大量氮氧化物和碳氢化合物，这些气体在阳光和紫外线作用下，会发生光化学反应，产生光化学烟雾。它的主要成分是一系列氧化剂，如臭氧、醛类、酮等，毒性很大，对人体有强烈的刺激作用，严重时会使人出现呼吸困难、视力衰退、手足抽搐等现象。

如何应对雾霾

首先，应建立雾霾指数预报和雾霾天气的预警机制。在城市设立地基光学观测点，与卫星遥感资料相匹配，开展气溶胶光学厚度的监测。其次，在城市周边地区布设水平能见度观测站和垂直能见度观测站，开展水平能见度和垂直能见度的观测并直接进行雾霾天气公众服务。另外，开展大气边界层探测，定时掌握逆温等边界层特征与雾霾天气的关系，认识工业化、城市化对大气边界层结构的影响，提高雾霾天气预测的准确性，提高监测、预防雾霾天气的能力；加强对太阳辐射的监测，评估大气雾霾对

农业生产和气候变化的影响等。建立雾霾天气预测预报系统与建立动态控制排污系统、控制污染源排放的决策系统结合起来，只有这样才能有效地对付雾霾。

从现在掌握的情况来看，城市化和工业化是雾霾产生的主要因素，而雾霾天气出现的一个气象特征是其区域有一个气流停滞区。国外有些发达国家利用不同气象条件对社会生产进行动态调控的方法来尽量解决雾霾的危害，其实质是对污染源进行总量调节。如在美国，一旦监测到某区域有气流停滞区时，该地区的工业气体排放都将受到控制，而当大气条件好、空气扩散能力强时，则可充分排放。

其次，应采取严厉措施限制机动车尾气排放和工业气体排放，以消除或减轻雾霾对城市的危害。同时城市群之间应统筹考虑雾霾的防治工作。作为地区性的气候灾害现象，治理时也要地区联手，才能达到最佳的治理效果。

最后，在城市规划中，要注意研究城区上升气流到郊区下沉的距离，将污染严重的工业企业布局在下沉距离之外，避免这些工厂排出的污染物从近地面流向城区；还应将卫星城建在城市热岛环流之外，以避免相互

污染。要充分考虑大气的扩散条件，预留空气通道。增加城市绿地，让城市绿地发挥吸烟除尘、过滤空气及美化环境等环境效益，从而净化城市大气，改善城市大气质量。

雾霾天的注意事项

在这种雾霾天气下锻炼身体就要有讲究了。雾霾天气易对人体呼吸循环系统造成刺激，此时进行锻炼容易扭伤身体及诱发心肌梗死、肺心病等。

通常来说，不受冷空气、台风、锋面、切变线等特别天气系统影响，一天当中以傍晚17～19时的空气质量为最好，能见度也最高，因此每天锻炼身体的时间应定为傍晚17～19时。此外，雾霾天气时应适度减少运动量与运动强度，树多草多的地方是较好的选择。有关医学专家提醒市民，雾霾天气会影响身体健康，应多饮汤水，有晨练习惯的市民最好暂停晨练，或选择在下午和黄昏时做户外锻炼。

在雾霾天中，如果外出可以戴上口罩，这样可以有效防止粉尘颗粒进入体内。口罩以棉质口罩最好，因为一些人对无纺布过敏，而棉质口罩一般人都不过敏，而且易清洗。外出归来，应立即清洗面部及裸露的肌肤；在下班后或在节假日，可多抽时间到空气较为清新的户外去散步和锻炼；多喝水，保持呼吸道有一定的湿润度。干燥天气使病菌容易聚集，因此还要保持房间通风。此外，煲汤也是"抗旱"的法宝，可以用百合、龟、鱼等材料，煲一些滋阴润肺的汤来饮用。

威力强大
的太阳风灾害

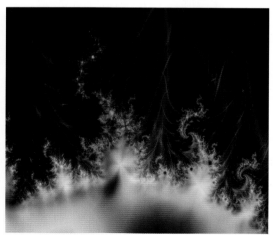

什么是太阳风

太阳风是从太阳大气最外层的日冕向空间持续抛射出来的物质粒子流。太阳风是一种连续存在的，来自太阳的内部并以200～800千米/秒的速度运动的等离子流。物质粒子流是从冕洞中喷射出来的，其主要成分是氢粒子和氦粒子。

太阳风可以分为两种：一种持续不断地辐射出来，速度较小，粒子含量也较少，被称为"持续太阳风"；另一种是在太阳活动时辐射出来，速度较大，粒子含量也较多，

灾害名片

名称：太阳风
成因：太阳大气外层的日冕向空间持续抛射物质粒子流
分类：持续太阳风、扰动太阳风
危害：通信卫星失灵、电网失效及短波通信质量下降等

这种太阳风被称为"扰动太阳风"。扰动太阳风对地球的影响非常大，当它抵达地球时，往往引起很大的磁暴与强烈的极光，同时也产生电离层骚扰。而太阳风的存在，给我们研究太阳以及太阳与地球的关系提供了重要的线索。

太阳风的形成

为了能够清楚地表述出太阳风是怎样形成的，我们先来了解一下太阳大气的分层情况。一般情况下，把太阳大气分为6层，由内往外依次命名为：日核、辐射区、对流层、光球、色球和日冕。然而，日核的半径占太阳半径的1／4左右，日核集中了太阳质量的大部分，并且是太阳99％以上的能量的发生地。光球是我们平常所见的最为明亮的太阳圆面，太阳的可见光全部是由光球面发射出来的。日冕位于太阳的最外层，属于太阳的外层大气，太阳风就是在这里形成并发射出去的。

通过人造卫星和宇宙空间探测器拍摄的照片，我们可以发现在日冕上长期存在着一些长条形的大尺度的黑暗区域。这些黑暗区域的X射线强度比其他区域要低得多，从表观上看就像日冕上的一些洞，所以，人们就形象地称之为冕洞。

　　冕洞是太阳磁场的开放区域，这里的磁力线向宇宙空间扩散，大量的等离子体顺着磁力线跑出去，形成高速运动的粒子流。粒子流在冕洞底部运行的速度为16千米/秒，每当到达地球轨道附近时，速度可达800千米/秒以上，这种高速运动的等离子体流也就是我们所说的太阳风。

　　太阳风从冕洞喷发而出后，夹带着被裹挟在其中的太阳磁场向四周迅速吹散，太阳风涉及范围非常大，太阳风至少可以吹遍整个太阳系。太阳风在地球上空环绕地球流动，以大约400千米/秒的速度撞击着地球磁场。当太阳风到达地球附近的时候，与地球的偶极磁场发生着作用，并把地球磁场的磁力线吹得向后弯曲。

　　但是，地磁场的磁压阻滞了等离子体流的运动，使得太阳风不能侵入地球大气而绕过地磁场继续向前运动。于是就这样形成一个个空腔，地磁场就被包含在这个空腔里。此时的地磁场外形就像一个一头大一头小的蛋状物。不过，当太阳出现突发性的剧烈活动时，情况会发生明显的变化。此时太阳风中的高能离子会增多，这些高能离子能够沿着磁力线侵入地球的极区。地球磁场形如漏斗，尖端对着地球的南北两个磁极，因此太阳发出的带电粒子沿着地磁场这个"漏斗"沉降，进入地球南北两极地区。两极的高层大气，受到太阳风的轰击后，产生绚丽壮观的极光，在南极地区形成的叫南极光，在北极地区形成的叫北极光，这种极光是非常美丽的。

太阳风的发现

1850年，一位名叫卡林顿的英国天文学家在观察太阳黑子的时候，发现了在太阳的表面上出现了一道小小的闪光，这道闪光持续了大约5分钟。卡林顿认为自己碰巧看到一颗大陨石落在太阳上。

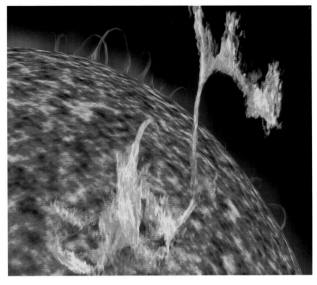

到了20世纪20年代，由于有了更精准的研究太阳的仪器。人们发现这种"太阳光"是普通的事情，它的出现往往与太阳黑子有关。例如，1899年美国天文学家霍尔发明了一种太阳摄谱仪，太阳摄谱仪能够用来观察太阳发出的某一种波长的光。有了这种仪器，人们就能够靠太阳大气中发光的氢和钙等元素的光拍摄到太阳的照片。结果表明，太阳的闪光和所谓的陨石没有一点点的关系，那不过是炽热的氢短暂爆炸而已。

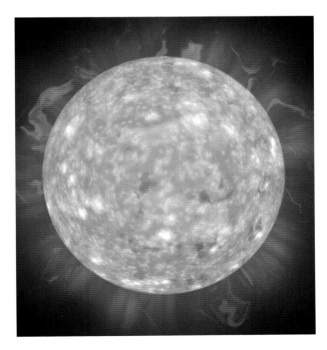

太阳上小型的闪光是十分普通的事情，在太阳黑子密集的部位，一天能观察到一百次之多，特别是当黑子在"生长"的过程中更是如此。像卡林顿所看到的那种巨大的闪光是很罕见的，一年中发生的概率很小。有时候，这种闪光正好发生在太阳

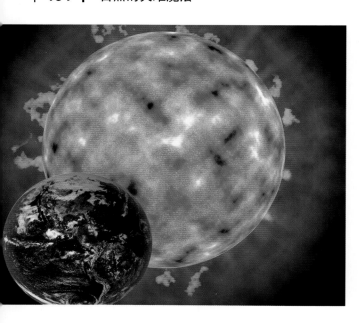

表面的中心，于是闪光爆发的方向正好冲着地球。在这种爆发现象过后，地球上会一再出现奇怪的事情。一连几天，极光都会很强烈，有时甚至在温带地区都能看到；罗盘上的指针也会不安分起来，发狂似的摆动。因此，这种效应有时被称为"磁暴"。随着科技的进步，极光中的奥秘也越来越为人们所知。原来这美丽的景色是太阳与大气层合作表演出来的作品。

太阳风的危害

在19世纪之前，这类情况对人类并没有发生什么严重的影响。20世纪，人们发现磁暴会影响无线电接收和各种电子设备。由于人类越来越依赖这些设备，磁暴也就变得越来越事关重大了。比如，在磁暴期内，无线电和电视传播会中断，雷达就不能做出相应的工作，同时，对卫星的运行也会产生影响；当太阳风掠过地球时，还会使电磁场发生变化，引起地磁暴、电离层暴，并影响通信，特别是短波通信；太阳风还会对地面的电力

网、管道发送强大元电荷，影响输电、输油、输气管线系统的安全。一次太阳风的辐射量对一个人来说很容易达到多次的X射线检查量；它还会引起人体免疫力的下降，很容易引起病变，也会使人情绪易波动，甚至车祸增多。另外，还有一个很容易察觉的问题，当太阳风暴发生时，气温会显著增高。

天文学家更加仔细地研究了太阳的闪光，发现在这些爆发中显然有炽热的氢被抛得远远的，其中有一些会克服太阳的巨大引力射入空间。质子就是氢的原子核，因此太阳的周围有一层质子云，还伴有少量复杂的原子核。1958年，美国物理学家帕克把这种向外涌的质子云称为"太阳风"。向地球方向涌来的质子在抵达地球时，大部分会被地球自身的磁场推开，不过还是有一些会进入大气层，从而引起极光和各种电的现象。一次向地球方向射来的强大质子云的特大爆发会产生"太阳风暴"的现象，这时，磁暴效应就会出现，这种"太阳风暴"是非常强悍的。太阳风还会使彗星产生了"尾巴"。当彗星在靠近太阳时，星体周围的尘埃和气体会被太阳风吹到后面去。这一效应也在人造卫星上得到了证实，像"回声1号"那样又大又轻的卫星，就会被太阳风吹离事先计算好的轨道。

| # "美轮美奂"
的雨凇灾害

什么是雨凇

　　超冷却的降水在碰到温度≤0℃的物体表面时所形成玻璃状的透明或无泽的表面粗糙的冰覆盖层叫作雨凇，俗称"树挂"，也叫冰凌、树凝，形成雨凇的雨称为冻雨。我国南方把冻雨叫作"下冰凌"、"天凌"或"牛皮凌"。

　　《春秋》载："成公十六年

灾害名片

名称：雨凇

成因：超冷却的降水碰到低
　　　于零度的物体所致

分类：梳状雨凇、椭圆状雨凇、
　　　匣状雨凇和波状雨凇

危害：压坏树枝、农作物、电
　　　线、房屋，妨碍交通

十有六年春，王正月，雨，木冰。"这则记载的意思是：鲁成公十六年，即公元前575年春天，周历正月，下雨，树木枝条上凝聚了雨冰。这是世界上较早对雨凇的记载。

雨凇的形态：雨凇比其他形式的冰粒坚硬、透明，密度大（0.85克/立方厘米），和雨凇相似的雾凇密度却只有0.25克/立方厘米。

雨凇的结构：清晰可见，表面一般都比较光滑，其横截面呈楔状或椭圆状，它可以发生在水平面上，也可发生在垂直面上，与风向有很大关系，多形成于树木的迎风面上，尖端朝风的来向。根据它们的形态分为梳状雨凇、椭圆状雨凇、匣状雨凇和波状雨凇等。

雨凇的形成

雨凇和雾凇的形成机制差不多，通常出现在阴天，多为冷雨产生，持续时间一般较长，每日变化不很明显，昼夜均可产生。

雨凇是在特定的天气背景下产生的降水现象。形成雨凇时的典型天气是微寒，也就是温度在0～3℃之间，且有雨，风力强、雾滴大，多在冷空气与暖空气交锋，而且暖空气势力较强的情况下才会发生。

外表美丽的
雨淞灾害

在此期间，江淮流域上空的西北气流和西南气流都很强，地面有冷空气侵入，这时靠近地面一层的空气温度较低（稍低于0℃），1500~3000米上空又有温度高于0℃的暖气流北上，形成一个暖空气层或云层。再往上3000米以上则是高空大气，温度低于0℃，云层温度往往在−10℃以下，即2000米左右高空，大气温度一般为0℃左右，而2000米以下温度又低于0℃，也就是近地面存在一个逆温层。大气垂直结构呈上下冷、中间暖的状态，自上而下分别为冰晶层、暖层和冷层。

从冰晶层掉下来的雪花通过暖层时融化成雨滴，接着当它进入靠近地面的冷气层时，雨滴便迅速冷却成为过冷却雨滴，被称为"过冷却"水滴，如过冷却雨滴、过冷却雾滴，形成雨凇的雾滴、水滴均较大，而且凝结的速度也快。

由于这些雨滴的直径很小，温度虽然降到0℃以下，但还来不及冻结便掉了下来。当这些过冷雨滴降至温度低于0℃的地面及树枝、电线等物体时，便集聚起来布满物体表面，并立即冻结。冻结成毛玻璃状透明或半透明的冰层，使树枝或电线变成粗粗的冰棍，一般外表光滑或略有隆突，

有时还边滴淌边冻结，结成一条条长长的冰柱，于是变成了我们所说的"雨凇"。如果雨凇是由非过冷却雨滴降到冷却的很严重的地面、物体上并有雨夹雪凝附和冻结，即由外表非晶体形成的冰层和晶体状结冰共同混合组成而形成的时候，一般这种雨凇很薄而且存在的时间相对来说不长。

雨凇的时间与分布

雨凇大多出现在1月上旬至2月上、中旬的一个多月内，起始日期具有北方早、南方迟，山区早、平原迟的特点，结束日则相反。地势较高的山区，雨凇开始早、结束晚，雨凇期略长。如皖南黄山光明顶的雨凇一般在11月上旬初开始，次年4月上旬结束，长达5个月之久。

据统计，江淮流域的雨凇天气，沿淮的淮北地区2～3年一遇，淮河以南7～8年一遇。但在山区，山谷和山顶差异较大，山区的部分谷地几乎没有雨凇，而山势较高处几乎年年都有雨凇。

雨凇以山地和湖区多见。我国大部分地区雨凇都在12月至次年3月出现。我国年平均雨凇日数分布特点是南方多、北方少，然而华南地区因冬暖，极少有接近零度的低温，因此该地区既无冰雹也无雨凇，而潮湿地区多而干旱地区少（尤以高山地区雨凇日数最多）。我国年平均雨凇日数在20～30天以上的台站，差不多都是高山站。而平原地区绝大多数台站的年

平均雨凇日数都在5天以下。

雨凇最多的季节常发生在冬季严寒的北方地区中较温暖的春秋季节，如长白山天池气象站雨凇最多月份是5月，平均出现5.7天，其次是9月，平均雨凇日3.5天，冬季12月～3月因气温太低没有出现过雨凇。而南方则以较冷的冬季为多，如峨眉山气象站12月雨凇日数平均多达26.4天，1月份也达24.6天，甚至有的年份12月、1月和3月都曾出现过天天有雨凇的情况。

雨凇积冰的直径一般为40～70毫米，也有的几百毫米，我国雨凇积冰最大直径出现在衡山南岳达1200毫米，其次是巴东绿葱坡711毫米，再次为湖南雪峰山648毫米。

雨凇与地表水的结冰有明显不同，雨凇边降边冻，能立即黏附在裸露物的外表而不流失，形成越来越厚的坚实冰层，从而使物体负重加大，严重的雨凇会压断树枝、农作物、电线、房屋，妨碍交通。

气象站观测雨凇积冰直径用的方法是：由于雨凇在结冰的过程中，导线变得越来越粗，但当雨凇积累到一定直径时，"雨凇冰棍"必然逐渐碎裂，这时气象观测人员就干脆全部清除残冰，让雨凇重新在导线上冻结。在高山上，也许要连续清除几次以至十几次，雨凇过程才告停止。按气象部门规定，各次碎裂时最大直径之和就是全部雨凇过程的最大积冰直径。

雨凇造成的危害

　　虽然雨凇使大地银装素裹，晶莹剔透，美轮美奂，风光无限，但雨凇却是一种灾害性天气，不易铲除，破坏性强，它所造成的危害是不可忽视的。

　　雨凇的危害程度与雨凇持续时间有直接的关系。上海市1957年1月15～16日曾出现一次雨凇，持续了30小时9分；北京最长连续雨凇时数是30小时42分，发生在1957年3月1～2日；哈尔滨最长持续了28小时29分，发生在1956年10月18～19日。我国雨凇连续时数最长的地方也发生在峨眉山，从1969年11月15日一直持续到1970年3月28日，

即持续3198小时54分之多；其次是衡山南岳从1976年12月24日～1977年2月19日，即持续1370小时57分；第三为湖南的雪峰山，从1976年12月25日～1977年2月12日，持续1192小时9分。

雨淞最大的危害是使供电线路中断，高压线高高的钢塔在下雪天时可以承受2～3倍的电线重量，但是如果有雨淞的话，可以承受10～20倍的电线重量。电线或树枝上出现雨淞时，电线结冰后，遇冷收缩，加上风吹引起的震荡和雨淞重量的影响，能使电线和电话线不胜重荷而被压断，几千米以至几十千米的电线杆成排倾倒，造成输电、通信中断，严重影响当地的工农业生产。历史上许多城市都曾出现过高压线路因为雨淞而成排倒塌的情况。

雨淞也会威胁到飞机飞行安全，飞机在有过冷水滴的云层中飞行时，机翼、螺旋桨会积水，影响飞机空气动力性能造成失事。因此，为了冬季飞行安全，现代飞机基本都安装有除冰设备。当路面上形成雨淞时，公路交通因地面结冰而受阻，频繁的交通事故也因此增多。山区公路上地面积冰也是十分危险的，往往易使汽车滑向悬崖。

雨淞造成灾害的可能性与程度，都大大超过了雾淞，在高纬度地区，雨凇是常出现的灾害性天气现象。

　　消除雨凇灾害的方法。在雨凇出现时，采取人工落冰的措施。发动输电线沿线居民不断把电线上的雨凇敲刮干净，并对树木、电网采取支撑的措施；在飞机上安装除冰设备或干脆绕开冻雨区域飞行，可以减轻雨凇带来的毁灭性的灾难。

　　由于冰层不断地冻结加厚，常会压断树枝，因此雨凇对林木也会造成严重破坏。坚硬的冰层也能使覆盖在它下面的庄稼糜烂，如果麦田结冰，就会冻断返青的冬小麦，或冻死早春播种的作物幼苗。

　　另外，雨凇还能大面积地破坏幼林、冻伤果树。农牧业和交通运输等方面受到较大程度的损失。严重的冻雨也会把房子压塌，危及人们的生命和财产的安全。

　　总之，冻雨是冬季的一种低温灾害，为了出行安全，交通运输、航空、铁路、公路、电力、电信、邮政等部门以及广大民众都应十分重视，一定要把安全放在首位。

| # 现代文明
造成的臭氧灾害

臭氧灾害来自哪里

是谁破坏了人类赖以生存的环境？是谁正在快速地"吞噬"着被人类称为地球的"保护伞"——臭氧层？是谁导致太阳紫外线杀死所有陆地生命，人类也遭到"灭顶之灾"？这都是不得不深思的问题。

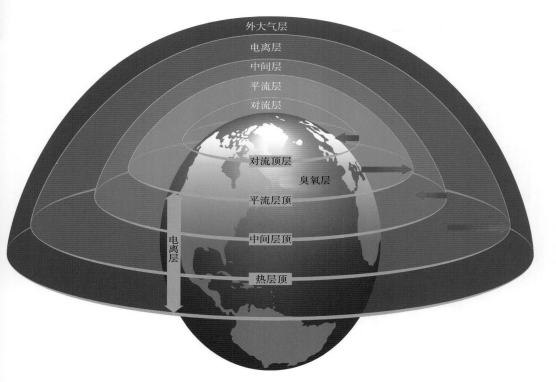

外大气层
电离层
中间层
平流层
对流层

对流顶层
臭氧层
平流层顶
中间层顶
热层顶

电离层

臭氧层示意图

　　随着时代的进步，人类的生活水平逐步提高。人类的生活过得越来越惬意，坐在家里享受着现代物质文明成果的人类是越来越多了。夏天快到了，人类舒适地坐在家里享受着从空调机吹出来的自然风，吃着从电冰箱里拿出的冰淇淋，丝毫感觉不到夏天的到来。可正当人类享受着这些的时候，殊不知电冰箱与空调所排放出的氟氯代烷正在加速破坏人类的"保护伞"——臭氧层。

　　如果臭氧层遭到大量地吞噬，就会形成前所未有的臭氧空洞，这样的话日光中的紫外线就会对人体的皮肤造成伤害，还使整个地球的温度火速上升，产生温室效应。臭氧层空洞不仅破坏了生物的生存环境，而且直接威胁到了人类的身体健康。

罪魁祸首是冰箱

　　电冰箱里所含的一点点的氟利昂是否真的对人体有危害呢？在早先的50年里，无人提及这个问题。直到1973年，墨西哥裔美国化学家马里奥·莫利纳首次对人类发出了警告说，他也是全球发表此学说的第一人。他指出，地球的臭氧层已受到损害。但当他提出这个警告时，无人理睬他的"谬论"，也就不了了之。

据有关资料显示，臭氧层出现空洞与电冰箱、空调有关。电冰箱能制冷并完好保存食物的新鲜，空调能吹出自然风、调节室内的温度，都与氟利昂这种制冷剂有关。氟利昂在常温下都是无色气体或易挥发液体，略有香味，低毒，化学性质稳定。但它也能变成气体，当它挥发到臭氧层中，能破坏臭氧的整体结构，从而使臭氧的浓度减少产生空洞。除此之外，只要是含有氟类的物质，在生产和使用过程中也会排放到大气中造成臭氧层出现空洞。

电冰箱、空调制冷剂的氟氯代烷的大量排放、漂浮在大气高层中，在太阳紫外线的辐射、分解下使臭氧日益减少，破坏着人类的天然屏障。不仅如此，这与人类的身心健康和整个生态系统失衡有着密切的关联。

臭氧空洞——人类面临"灭顶之灾"

近十年来，地球上的臭氧空洞已增至5个，总面积近4000万平方千米，接近地球表面积的1／10。如果长期这样持续的话，阳光中的紫外线会使人类和动物遭受灭顶之灾。据国外媒体报道，俄罗斯科学院的专家们就俄远东地区的4处被发掘的"恐龙墓地"进行研究与试验后认为，恐龙灭绝的原因与臭氧层空洞有着密不可分的关系。

1985年，英国南极考察首次发现南极上空的臭氧层有一个空洞，面积

与美国国土面积差不多。当时轰动了世界，也震动了整个科学界。据有关资料显示，1994年10月臭氧空洞曾一度蔓延到南美洲最南端的上空。

日本环境厅发表的一项监测报告称：1998年的9月～12月的南极上空出现了迄今为止最大的臭氧层空洞，空洞可达2720万平方千米，是历史上最大的臭氧层空洞，而且是持续时间最长的。这足以说明，大气层上部的臭氧仍在不停地减少。这项监测报告中还指出，日本北海道上空的臭氧量在过去的10年间减少了近3.3%。

进入1999年以来，南极上空臭氧层空洞较以往扩展近一倍，已达2100万平方千米，比两个中国的面积还大。

由于臭氧层遭到严重的破坏，增加了人类患皮肤癌的概率。有关业内人士对此做了一项调查，调查的结果显示：臭氧减少1%，皮肤癌患者就会增加4%～6%，主以黑色素癌为主；当电冰箱排放出的氟利昂挥发成气体时，将会伤害人类的眼睛，增加白内障的风险，由白内障而引起失明的人数将增加1万～1.5万人。如果再不对臭氧空洞增加采取措施，到2075年，将导致约1800万例白

内障病例发生；同时可削弱人体免疫力，增加传染病患者。

臭氧空洞的出现，造成全球生态系统失衡。有关科学家们专门对农产品减产及其品质下降作了试验。根据试验200多种作物对紫外线辐射增加的敏感性，显示出有将近2／3的农作物的下降与臭氧空洞有着密不可分的关系。科学家们还做出一个算术数据，臭氧减少1％，大豆就要减产1％。

另外，臭氧空洞也大大减少渔业产量。紫外线辐射也可杀死10米水深内的单细胞海洋浮游生物。并且还有破坏森林的作用。

任谁也想不到，臭氧空洞的"罪魁祸首"竟然是在工业和生活中所使用频繁的制冷剂——氯氟烃类化合物。人类也万万没有想到，氟氯烃在造福人类的同时也会"跑到天上去闯祸"，给人类世界带来"灭顶之灾"。

　　人类每天仰望的天空，如今已是千疮百孔，目前臭氧空洞加起来的总和已超过4个中国的总面积。冰箱和空调使用的氟利昂、发胶、摩丝、清洗剂等破坏臭氧层的物质相加总量每年多达数百万吨。

　　臭氧层能吸收对地球生物有害的太阳紫外线，是地球一切生命的保护伞，是保护人类的天然屏障。没有它地球一切生物都会遭受灭顶之灾。所以联合国不断强调臭氧受到破坏的危害。

地震前
为何有地光闪耀

什么是地光

地光异常是指地震前来自地下的光亮，其颜色多种多样。地光异常可见到日常生活中罕见的混合色如银蓝色、白紫色等，但以红色与白色为主；其形态也各异，有带状、球状、柱状、弥漫状等。

一般地光出现的范围较大，多在震前几小时至几分钟内出现，持续几秒钟。许多强烈地震都伴随有发光现象。这种特殊的令人毛骨悚然的自然现象早在几千年前就已经被人们注意了。我国是世界上记载地光最早的国家。在国外，地光也引起了人们的广泛关注。

地震发光的相关研究

20世纪30年代以后，地震发光的研究进入了全面发展的阶段，人们对于地光的真实存在不再感到怀疑，并开始出现解释这种现象的理论假说。在这些研究中尤以日本领先。1965年以后，日本学者安井与近藤五郎、栗林亨等利用地磁仪、回转集电器等进行了观测研究，并拍摄了世界上第一张地光照片。1974年，我国学者马宗晋在研究了邢台地震以来的历次较大地震中临震宏观现象以后，提出了"地光不仅仅是地震派生的结果，而应看作是临震共同发展的统一过程"。这就是说，应把地光同与它同时出现的其他现象联系起来考虑。

1972年，日本学者安井等人提出了"低层大气振荡"的看法。他们认为由于大气中含有各种正负离子，所以大地具有微弱导电性。在大气中的气体分子受到来自太空的宇宙射线和地球本身的放射性元素射线的撞击后，结果使这些气体离子带电。

地震区常会有以氡为主要成分的放射物质，地壳震动把它抖入大气中，特别是在含有较多放射性物质的中、酸性岩石分布区和断层附近，大气中的氡含量将显著提高，这也将使大气离子导电性增强。这时如果地面有一个天然电场，那么就会向空中大规模放电，使地光闪烁起来。此种理论是目前比较成立的假说。

Pen Fa Zui Duo
De Huo Shan
Zai Na Li

喷发最多
的火山在哪里

爆发频繁的埃特纳火山

据文献记载，埃特纳火山已有500多次的爆发历史，被称为世界上喷发次数最多的火山。它第一次已知的爆发是在公元前475年，距今已有2400多年的历史；最猛烈的爆发则是在1669年，持续了4个月之久。

十八世纪以来，火山爆发更加频繁。20世纪已喷发10余次。1950~1951年间，火山连续喷射了372天，喷出熔岩达到了100万立方米，又摧毁了附近几座市镇。1979年起，埃特纳火山的喷发活动持续了3年。2007年9月4日，埃特纳火山再次爆发，炽热的岩浆和浓黑的烟雾在夜晚非常耀眼。2011年5月12日，"埃特纳"火山又一次喷发。在喷发活动最剧烈的时间段内，距离火山数千米外的村镇都能感受到房屋的剧烈晃动。

埃特纳火山位于意大利的西西里岛东岸，是世界上喷发次数最多的火山

埃特纳火山情况

　　埃特纳火山位于地中海火山带的亚欧板块与印度洋板块交界处。埃特纳火山是欧洲最高的活火山，地处意大利的西西里岛东岸，南距卡塔尼亚29千米，周长约160千米，喷发物质覆盖面积达1165平方千米；主要喷火口海拔3323米，直径500米；常积雪。火山周围有200多个较小的火山锥，在剧烈活动期间，常流出大量熔岩。海拔1300米以上有林带与灌丛，500米以下栽有葡萄和柑橘等果树。山麓堆积有火山灰与熔岩，有集约化的农业。火山周围是西西里岛人口最稠密的地区。地质构造下层为古老的砂岩和石灰岩，上层为海成泥炭岩和黏土。

　　埃特纳火山下部是一个巨大的盾形火山，上部为300米高的火山渣锥，说明在其活动历史上喷发方式发生了变化。由于埃特纳火山处在几组断裂的交汇部位，一直活动频繁，是有史记载以来喷发历史最为悠久的火山，其喷发史可以上溯至公元前1500年。近年来，埃特纳火山一直处于活动状态，距火山几千米远就能看到火山上不断喷出的呈黄色和白色的烟雾状气体，并伴有蒸气喷发的爆炸声。

台风到底
有多大的威力

"台风"的由来

　　2006年的《台风名词探源及其命名原则》一文中论及"台风一词的历史沿革"，作者认为，在古代人们把台风叫飓风，到了明末清初才开始使用飙风这一名称。1956年，飙风简化为台风，飓风的意义就转为寒潮大风或非台风性大风的统称。

　　关于台风的来历，有两类说法。第一类是"转音说"，包括三种：一是由广东话"大风"演变而来；二是由闽南话"风筛"演变而来；三是荷兰人占领台湾期间根据希腊史诗《神权史》中的人物泰丰而命名。第二类是"源地说"，也就是根据台风的来源地赋予其名称。

台风是从哪儿来的

　　影响我国的台风主要是从菲律宾以东的太平洋上吹来，有时也产生于南海。这一带接近赤道，海水温度高，蒸发强烈，湿热的空气大量上升，四周的冷空气就会向这里补充。

　　由于地球的自转，使得北半球的气流要向右偏转，而向湿热空气上升地区汇聚的较冷空气来自四面八方，因为

向右偏转，就在海洋上空形成了一个空气涡旋。这种涡旋按反时针方向运动，叫作气旋。形成涡旋的过程如果反复进行，气旋旋转的速度就会不断加快，范围也会越来越大。气旋中心附近的风力如果达到8级以上，就叫台风了。

这个巨大的空气涡旋直径往往有几百千米至上千千米，高度在八九千米以上。中心部分叫台风眼，直径有1万米；它的外围是急速旋转的气流，形成巨大浓厚的云壁，或叫云墙。

处于台风眼的地区，因为外边气流进不来，气压很低，风小浪高，云层裂开变薄，有时可见日月星光。而台风眼周围却是风雨最大的地区。

台风形成以后，由于受到高空东风气流的引导和地球自转的影响，一般向偏西、偏北方向移动，所以我国的台湾和东南沿海地区首当其冲。

台风跑到陆地上空以后，由于不能继续补充热量和水分，而与地面的摩擦又减低了它的速度，所以逞一段威风以后就自动消失了。台风的影响范围局限在沿海地区，对内陆一般没有直接影响。

　　台风的形成是能观测到的，尤其在有了先进的气象观测手段以后。根据卫星照片能够对台风的形成过程、移动路线和运行速度了如指掌。所以，目前气象部门能对台风做出准确的预报。有了预报，人们可以事先做好充分准备，以避免或减轻台风带来的损失。

台风的危害

　　在我国东南沿海地区的人们大概都知道台风的厉害。台风过境，有时大树都会被连根拔起，房顶也可能会被风掀掉。伴随着狂风而来的是瓢泼般的大雨，短时间内向地面倾泻大量的水淹没庄稼，毁坏房屋，甚至还会使交通中断，迫使一些工厂停产。

　　海面上台风相对地面上更显凶恶，掀起滔天大浪，威胁在海上航行的船只和进行捕鱼、养殖、勘探、采油等作业人员的生命安全。台风是一种灾害性的天气，能给人民造成巨大的灾难。

我国重大的台风灾害

　　2010年9月19日，第十一号台风"凡亚比"从花莲登陆，导致台湾南部暴雨成灾。

2009年，台风"莫拉克"造成500多人死亡，近200人失踪，46人受伤。台湾南部雨量超2000毫米，造成数百亿台币损失，内地经济损失也将近百亿人民币。

2008年，第八号强台风"凤凰"，造成台湾、安徽、江苏至少13人死亡，福建地区基础设施损坏严重，经济损失巨大。

2008年，第六号台风"风神"，造成广东、湖南、江西地区至少30人死亡，财产损失巨大，降水量破纪录。

2013年10月7日凌晨1时15分，第23号强台风"菲特"在福建省福鼎市沙埕镇沿海登陆，登陆时中心附近最大风力14级，造成浙江874.25万人受灾，10人死亡，因灾造成直接经济损失达275.58亿元；福建省4市12个县21万人受灾，保险估损超14亿元。

可怕
火旋风的形成奥秘

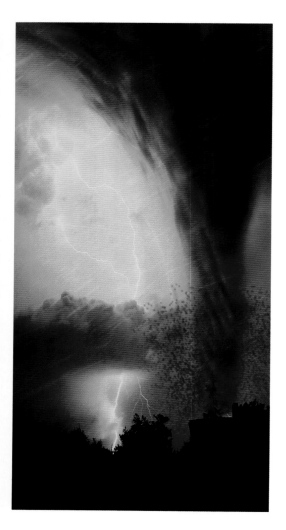

什么是火旋风

火旋风又叫火怪、火焰龙卷风，是指当火情发生时，空气的温度和热能满足某些条件，火苗形成一个垂直的漩涡，旋风般直插入天空的罕见现象。旋转火焰多发生在灌木林火。火苗的高度9～60米不等，持续时间一般只有几分钟，如果风力强劲能持续更长的时间。

火焰龙卷风的形成需要具备一定

灾害名片

名称: 火旋风

成因: 在火灾中，强烈的热量和涌动的风流结合在一起形成涡流，导致火旋风

构成: 一个内核，一个无形的袋状旋转气体

危害: 所到之处皆为灰烬

条件：强烈热量和涌动风流结合在一起将形成旋转的空气涡流。这些空气涡流可收紧形成类似龙卷风结构，旋转着吸入燃烧残骸和易燃气体。

在火灾中，火的热力令空气上升，周围的空气从四方八面涌入，形成幅合，火焰龙卷风便形成了。据说在日本关东大地震中火灾处处，发生了好几起的火焰龙卷风。

威斯康星火龙卷

1871年10月8日，一场森林大火席卷了美国威斯康星州东北部的格林贝湾两岸，估计有1000人丧生。

1871年的10月初是典型的印第安晚秋晴暖天气：微风吹拂，空气暖和而干燥。在过去几周的时间里，这里曾有多起小灌木林和森林起火，这大多是由伐木工遗留下的大量树枝、树杈燃烧起来的。风小时，工人们和附近的人群还能控制住火势。然而10月8日正是星期天，西南风增大，使许多小火发展成熊熊大火。同时气温显著升高，从密尔沃基站的观测记录看，10月7日最高气温为19℃，而10月8日则上升为28℃。到10月8日晚，两处主要的森林大火从格林贝城附近慢慢地向东北方推进，尽管居民们全力扑救，试图阻止大火蔓延，可是烈火无情，所经之处毁掉了大量的住宅，东到弗兰克恩，西到佩什蒂戈的所有村庄全部被烧毁。

美国加州火旋风

2002年5月，美国加州圣玛格丽塔大牧场，由山火引发的火旋风席卷一处山脊顶部。据福托菲尔介绍，火旋风核心部分温度可达1093℃，足以将从地面吸入里面的灰烬重新点燃。他说："我们尚不完全确信这一点，它只是一个理论。这就仿佛是某个人尝试点燃某种东西。如果你令其在空中膨胀的足够大，你确实可以让其燃烧，但如果它始终紧缩地像团状，它就不会燃烧。"

2006年，美国加州卡斯蒂奇附近洛斯帕德雷斯国家森林公园发生大火

期间，不停旋转的圆柱状火焰呈弧形飘向空中。

加利福尼亚火龙卷

2008年11月15日，美国加利福尼亚州科伦娜火灾中，一处火焰龙卷风逐渐逼近住宅区。一般来说，火焰龙卷风所经之地将使该区域的物体点燃，还可以将正在燃烧的残骸投向周围。由巨大火焰龙卷风形成的风流也十分危险，其风速可达到160千米/时，足以将树木吹倒。

巴西圣保罗火龙卷

2010年8月24日，巴西圣保罗市出现了罕见的火焰龙卷风的自然现象。这种自然现象是由于龙卷风经过一处燃烧的田野，随后变成了一个巨大燃烧的火龙。

出现火焰龙卷风的地区已经有3个月没有下雨。异常干旱的天气和强劲的风势助长了此处的火势。据巴西全球电视台报道，圣保罗地区的空气干燥程度已赶上了撒哈拉沙漠。

这条火龙风在燃烧的田野上飞舞高数米，阻断了一条公路。为了熄灭这条火龙，当地出动了直升机。同时，圣保罗市政府为预防新火情发生，已下令禁止麦收后火烧庄稼地。

2012年9月17日，澳大利亚爱丽斯斯普林斯地区出现了一处高达30米的火焰龙卷风，据目击者克里斯称，火焰龙卷风持续时间长达40多分钟。"火焰龙卷风"出现在偏僻内陆，没有造成人员伤亡。

黑色闪电
的形成奥秘

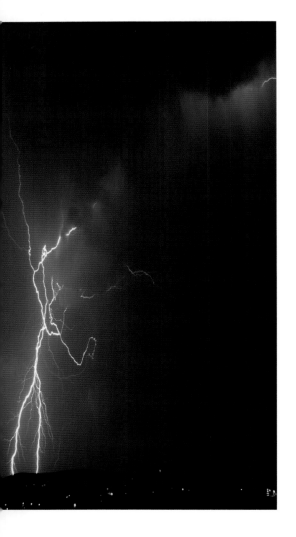

什么是黑色闪电

在大气中，由于阳光、宇宙射线和电场的作用，会形成一种化学性能十分活泼的微粒。这种微粒凝成一个又一个核，在电磁场的作用下聚集在一起，像滚雪球一样越滚越大，从而形成大小不等的球。这种物理化学构成物有"冷"球与"亮"球。

所谓冷球，没有光亮，也不放射能量，可以存在较长时间。冷球形状像橄榄球，发暗，不透明，白天才能看到。科学家叫它为黑色闪电。所谓亮球，呈白色或柠檬色，是一种化学发光构造。它出现时，并不伴随某种雷电，能在空中自由移动，在地面停留，或者沿着奇异的轨迹快速移动，一会儿变暗，一会变亮。

黑色闪电的本质

黑色闪电的形成原因科学家无法解释。长期以来，人们的心目中只有蓝白色闪电，这是空中大气放电的自然现象，一般均伴有耀眼的光芒。从未看见过不发光的黑色闪电。

　　1974年6月23日，苏联天文学家契尔诺夫就曾在札巴洛日城看到一次黑色闪电：一开始是强烈的球状闪电，紧接着，后面就飞过一团黑色的东西，这东西看上去像雾状的凝结物。

　　黑色闪电是由分子气溶胶聚集物产生出来的，而这些聚集物则产生于太阳、宇宙光、云电场、条状闪电以及其他物理、化学因素在大气中的长期作用。这些聚集物是发热的带电物质，容易爆炸或转变为球状闪电。

　　黑色闪电一般不易出现在近地层，但倘若出现，则容易落在树、桅杆、房屋及金属附近，一般呈瘤状或泥团状，看上去像一团脏东西。

　　由于黑色闪电的外形、颜色和位置容易被人忽视，而它本身却载有大量的能量，因而它是闪电族中最危险和危害性最大的一种。

　　黑色闪电体积较小，雷达难以捕捉，而它对金属又比较青睐，因此被飞行员叫作"空中暗雷"。在飞机飞行过程中，倘触及黑色闪电，后果不堪设想。当黑色闪电距地面较近时，又容易被人误认为是一只鸟或是其他什么东西，倘若触及，则会立刻发生爆炸。

摩亨佐达罗古城的毁灭之谜

    1922年，印度考古学家拉·杰·班纳吉从印度河下游的一群土丘中发现摩亨佐达罗古城的遗址。经过发掘后发现，古城确实是由于一次大火和特大爆炸而毁灭的。巨大的爆炸力将半径约1000米以内的建筑物全部摧毁了。从发掘出来的人骨骼的姿势可以看出，在灾难到来前，许多人还安闲地走在街道上。

    什么原因导致了这座城市毁灭呢？科学家经过多年研究后得出结论，这是由黑色闪电所引起的。科学家认为，形成黑色闪电的大气条件同时也能产生大量的有毒物质毒化空气。显然，古城的居民先是被这种有毒空气折磨了一阵，接着发生了猛烈的爆炸。同时，大量的黑色闪电也存在着。只要其中有一个发生爆炸，便会产生连锁反应，其他的黑色闪电也紧跟着发生爆炸，爆炸产生的冲击波到达地面时，把城市毁灭了。

    此外，和球状闪电一样，一般的避雷设施对黑色闪电不起作用，灵活多变的黑色闪电常常很顺利地落到防雷措施很严密的储油罐、变压器、炸药库附近。这个时候，千万不能接近它，更不可碰它，因为黑色闪电被人接近时，容易变成球状闪电，而球状闪电爆炸的可能性更大。

Lei Zai Duo Fa Sheng Zai Shen Me Di Fang | 雷灾 多发生在什么地方

什么是雷暴

雷暴常出现在春夏之交或炎热的夏天，大气中的层结处于不稳定时容易产生强烈的对流，云与云、云与地面之间电位差达到一定程度后就要发生放电。有时雷声隆隆、耀眼的闪电划破天空，常伴有大风、阵性降雨或冰雹，雷暴天气总是与发展强盛的积雨云联系在一起。在天气预报中，人们常常说雷雨大风等强对流天气，就是指伴有强风或冰雹这种雷暴天气。

由于雷暴的发生、发展与积雨云联系在一起，从雷暴云的出现到消失有很强的局地性和突发性，水平范围只有几千米或十几千米，在时间尺度上也仅有两三个小时，因此，这种中小尺度天气系统在预报上有一定的难度。

强雷暴是一种灾害性天气，雷电会引起雷击火险，大风刮倒房屋、拔起大树，果木蔬菜等农作物遭冰雹袭击后损失严重，甚至颗粒无收，有时局部暴雨还引起山洪暴发、泥石流等地质灾害。

雷暴的持续时间一般较短，单个雷

暴的生命史一般不超过两小时。我国雷暴南方多于北方，山区多于平原。多出现在夏季和秋季，冬季只在我国南方偶有出现。雷暴出现的时间多在下午。夜间因云顶辐射冷却，使云层内的温度层结变得不稳定，也可引起雷暴，称为夜雷暴。

雷灾为什么多发生在农村

雷电灾害造成的人员伤亡主要集中在农村。这是因为雷电有一定的选择性，而农村的地理环境和特性，恰好对了它的"胃口"。

一般来讲，土壤和水的电阻率比较小，在这附近的物体，比较容易遭受雷击。比如，旷野里孤零零的一幢建筑物，田野里供休息的凉亭、草棚、水车棚。高耸的建筑物，内部有

大型金属体的厂房，内部经常潮湿的房屋，包括城郊一些防雷措施没有做到位的别墅、房屋，都有安全隐患。

在城市里，也并不意味着一定安全。在雷暴天气下，家用电器若处置不当，也可能惹来大祸。比如，现在用得比较多的太阳能热水器，主要金属部件多设在楼顶，雷雨天时，大量高电压的雷电流很容易沿金属水管及热水进入浴室。人在洗澡时全身湿透，人体阻抗大大下降，这时候，哪怕沿金属管导入浴室的电压只有10~20伏，也足以致命。电视、冰箱甚至电话机在没有屏蔽接地引入的条件下，也都是"定时炸弹"。如果不能确定有没有必要的做防雷措施，那么拔掉所有电器插头也是一种好的应急方法。

打雷闪电的功与过

在汛期，对流性天气比较多，打雷也较频繁，由于雷电常造成人员无辜伤亡，因此防雷减灾已成为日常的需要。雷电其实是一种在雷雨云中强烈放电的现象。当闪电从雷雨云中传到地面时，就可能通过天线、电线、金属而导入室内的电脑等电器，从而烧坏电脑和其他家用电器。

　　每年全球打雷闪电有800万次以上，雷电把大气中的水、氧、氮生成了4亿吨以上的氮肥。打雷可以产生臭氧，而使地球上空维持一个臭氧层，太阳光经过臭氧层时，被臭氧吸收了大部分的紫外线，以保障地球上的动植物、人类不受过强紫外线的伤害。凡事常有两面性，打雷闪电看来是功大于过呢！

最恐怖
的灾害发生在哪里

死亡人数最多的山崩

秘鲁位于南美洲西部，拥有一望无垠的海岸线，长达3000多千米。它又是一个多山的国家，山上常年积雪，"白色死神"常常降临于此。1970年的秘鲁大雪崩就是20世纪十大自然灾害之一。

1970年5月31日，大雪崩将秘鲁瓦斯卡兰山峰下的容加依城全部摧毁，造成2万名居民死亡，受灾面积达23平方千米。

这次巨大的雪崩是由地震诱发的。地震把山峰上的岩石震裂、震松、

震碎，地震波又将山上的冰雪击得粉碎。瞬时冰雪和碎石犹如巨大的瀑布一般，紧贴着悬崖峭壁倾泻而下，几乎是以自由落体的速度塌落了900米之多。

危害最大的旋风

1970年1月12日，时速高达240千米的旋风卷着15米高的海浪袭击了当时的东巴基斯坦（孟加拉国）、恒河三角洲以及附近岛屿，有30万～50万人死于这次已知危害最严重的旋风。

危害最大的冰雹

冰雹是对流性雹云降落的一种固态水，不少地区称为雹子，夏季或春夏之交最为常见。它是我国的重要灾害性天气之一。

冰雹出现的范围小、时间短，但来势凶猛、强度大，常伴有狂风骤雨，因此往往会毁坏大片农田和树木、摧毁建筑物和车辆，给局部地区的农牧业、工矿业、电信、交通运输以致人民的生命财产造成较大损失，具有强大的杀伤力。

1998年1月，一场冰雹袭击了加拿大东部和美国东北部分地区，导致机场关闭，铁路、公路停运，300万人失去电力供应，两周以后仍有100万人未恢复电力供应，有些地方停电达3周，经济损失约6.5亿美元。

致人死亡最多的海啸

2004年12月26日的印度洋海啸，遇难者总人数超过29.2万人。其中，印度尼西亚受袭最为严重，据该国卫生部称，共有23.89万人死亡或失踪。已经确认死亡的人数达到11.11万人，失踪人数则为12.78万人。

孟加拉特大水灾

1987年7月，孟加拉国经历了有史以来最大的一次水灾。连日的暴雨，狂风肆虐，这突如其来的天灾，使毫无准备的居民不知所措。

短短两个月间，孟加拉国64个县中有47个县受到洪水和暴雨的袭击，造成2000多人死亡，2.5万头牲畜淹死，200多万吨粮食被毁，2万千米道路及772座桥梁和涵洞被冲毁，千万间房屋倒塌，

大片农作物受损，受灾人数达2000万人。

世界上最大的烟雾

　　1952年12月5日开始，逆温层笼罩伦敦，城市处于高气压中心位置，垂直和水平的空气流动均停止，连续数日空气寂静无风。当时伦敦冬季多使用燃煤采暖，市区内还分布有许多以煤为主要能源的火力发电站。由于逆温层的作用，煤炭燃烧产生的二氧化碳、一氧化碳、二氧化硫、粉尘等气体与污染物在城市上空蓄积，引发了连续数日的大雾天气。其间因受毒雾的影响，不仅航班取消，白天汽车在公路上行驶都必须打开大灯。

致人死亡最多的强热带风暴

　　2008年5月2日早上，强热带风暴纳尔吉斯以最高时速240千米的速度在缅甸伊洛瓦底省海基岛附近登陆，造成大约13.3万人死亡和失踪，其中遇难人数已达7.8万人，失踪人数为5.6万人，受伤人数为1.9万人。多处房屋受损，树木被刮倒。街道上随处可见倾覆的车辆、散落的路灯、木板等。市内交通瘫痪，水电供应停顿。

全球最大的黑色风暴

1934年5月11日凌晨，美国西部草原地区发生了一场前所未有的黑色风暴。大风整整刮了三天三夜，形成一个东西长2400千米、南北宽1440千米、高3400米的迅速移动的巨大黑色风暴带。

风暴所经之处，溪水断流，水井干涸，田地龟裂，庄稼枯萎，牲畜渴死，成千上万的人流离失所。

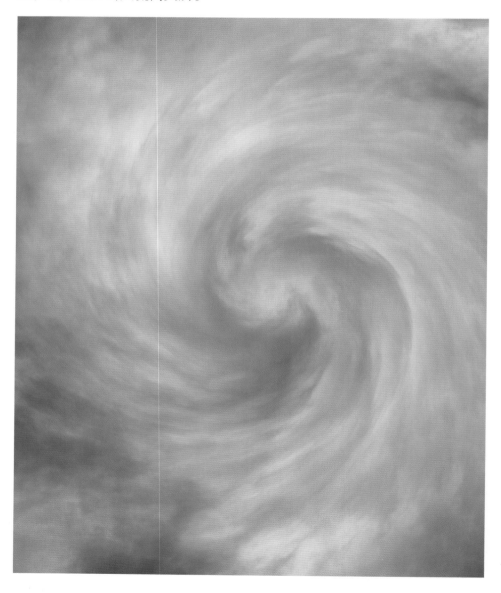

世界上最严重的鼠疫

1994年9～10月间，印度遭受了一场致命的瘟疫，30万苏拉特市民逃往印度的四面八方，同时也将鼠疫带到了全国各地，恐惧的心理甚至蔓延到了世界各地。

销声匿迹多年的鼠疫为何再度在印度流行呢？专家们一致认为，鼠疫的爆发是极为肮脏的环境所致。据说苏拉特市是印度最脏的城市，垃圾成堆，臭味熏天。鼠疫流行期间，苏拉特市每天清理出的垃圾多达1400吨。

喀麦隆湖底毒气

1986年8月21日晚，一声巨响划破了长空。第二天清晨，喀麦隆高原美丽的山坡上，水晶蓝色的尼奥斯湖突然变得一片血红，尼奥斯湖畔的村落里，房舍、教堂、牲口棚都是完好无损的，大街上却没有一个人走动，而屋里全部都是死人！后来，专家们终于查出了真正的"杀人凶手"——喀麦隆湖底突然爆发的毒气。

造成无家可归人数最多的地震

　　1976年2月4日，位于加勒比和北美板块间蒙大瓜断层发生地震，造成方圆1310平方千米的100多万危地马拉人无家可归，财产损失高达14亿美元，这是有史以来中美洲地区最为严重的自然灾害。此次地震与1972年发生的尼加拉瓜大地震不相上下，尼加拉瓜大地震在那瓜地区造成了13亿美元的财产损失。